Laser in der Materialbearbeitung
Forschungsberichte des IFSW

W. Bloehs
Laserstrahlhärten mit angepaßten
Strahlformungssystemen

Laser in der Materialbearbeitung
Forschungsberichte des IFSW

Herausgegeben von
Prof. Dr.-Ing. habil. Helmut Hügel, Universität Stuttgart
Institut für Strahlwerkzeuge (IFSW)

Das Strahlwerkzeug Laser gewinnt zunehmende Bedeutung für die industrielle Fertigung. Einhergehend mit seiner Akzeptanz und Verbreitung wachsen die Anforderungen bezüglich Effizienz und Qualität an die Geräte selbst wie auch an die Bearbeitungsprozesse. Gleichzeitig werden immer neue Anwendungsfelder erschlossen. In diesem Zusammenhang auftretende wissenschaftliche und technische Problemstellungen können nur in partnerschaftlicher Zusammenarbeit zwischen Industrie und Forschungsinstituten bewältigt werden.

Das 1986 begründete Institut für Strahlwerkzeuge der Universität Stuttgart (IFSW) beschäftigt sich unter verschiedenen Aspekten und in vielfältiger Form mit dem Laser als einer Werkzeugmaschine. Wesentliche Schwerpunkte bilden die Weiterentwicklung von Strahlquellen, optischen Elementen zur Strahlführung und Strahlformung, Komponenten zur Prozeßdurchführung und die Optimierung der Bearbeitungsverfahren. Die Arbeiten umfassen den Bereich von physikalischen Grundlagen über anwendungsorientierte Aufgabenstellungen bis hin zu praxisnaher Auftragsforschung.

Die Buchreihe „Laser in der Materialbearbeitung – Forschungsberichte des IFSW" soll einen in Industrie wie in Forschungsinstituten tätigen Interessentenkreis über abgeschlossene Forschungsarbeiten, Themenschwerpunkte und Dissertationen informieren. Studenten soll die Möglichkeit der Wissensvertiefung gegeben werden. Die Reihe ist auch offen für Arbeiten, die außerhalb des IFSW, jedoch im Rahmen von gemeinsamen Aktivitäten entstanden sind.

Laserstrahlhärten mit angepaßten Strahlformungssystemen

Von Dr.-Ing. Wolfgang Bloehs
Universität Stuttgart

B. G. Teubner Stuttgart 1997

D 93

Als Dissertation genehmigt von der Fakultät für Konstruktions- und Fertigungstechnik der Universität Stuttgart

Hauptberichter: Priv.-Doz. Dr. rer. nat. Friedrich Dausinger
Mitberichter: Prof. Dr.-Ing. Dr. techn. E. h. Karl Kußmaul

Die Deutsche Bibliothek – CIP-Einheitsaufnahme

Bloehs, Wolfgang:
Laserstrahlhärten mit angepaßten Strahlformungssystemen / von
Wolfgang Bloehs. – Stuttgart : Teubner, 1997
  (Laser in der Materialbearbeitung)
  Zugl.: Stuttgart, Univ., Diss., 1997
  ISBN 978-3-519-06230-1   ISBN 978-3-322-94034-6 (eBook)
  DOI 10.1007/978-3-322-94034-6

Kurzfassung

Die Oberflächeneigenschaften eines Bauteils bestimmen in vielen Fällen maßgeblich dessen Funktion. Besonders deutlich wird dies dann, wenn beispielsweise Reibung und damit verbundene Verschleißmechanismen auftreten. Aus diesem Grund ist häufig eine Modifikation oberflächennaher Schichten erwünscht, ohne den Bauteilkern zu beeinflussen. Der Laserstrahl als präzise, leicht lenkbare Wärmequelle bietet bei der Randschichtveredelung prinzipielle Vorteile. So ist der Wärmeeintrag in das Bauteil bei einer Laserstrahlhärtung relativ gering, woraus sich ein gegenüber konventionellen Verfahren reduzierter Wärmeverzug und damit ein geringerer Nacharbeitsaufwand ergibt. Dennoch hat sich die Lasertechnologie aufgrund der vergleichsweise hohen Kosten bislang nicht in der erwarteten Breite in der industriellen Fertigung durchgesetzt.

Die Reduktion der Kosten ist deshalb primäres Ziel, um die Wirtschaftlichkeit einer Laserbearbeitung zu erhöhen. Neben der Reduzierung der Investitions- und Betriebskosten für Strahlquellen und Handhabungssysteme kommt der Steigerung der Prozeßeffizienz, der Flexibilität und der Bearbeitungsqualität als kostenwirksamen Faktoren eine besondere Bedeutung zu. Die vorliegende Arbeit verfolgt zu diesem Zweck den Ansatz, die Intensitätsverteilung des Laserstrahls mit Hilfe geeigneter Strahlformungssysteme an die Bauteilgeometrie anzupassen. Dabei gliedert sich die Arbeit im wesentlichen in zwei Teile: experimentelle Untersuchungen und theoretische Modellbildung.

Ausgangspunkt der experimentellen Arbeiten bildet die Untersuchung unterschiedlicher Strahlformungssysteme. Anhand der prinzipiellen Erkenntnisse wird ihr Einsatz bei der Härtung von exemplarischen Bauteilen untersucht. Es werden dabei Strahlformungssysteme vorgestellt, deren charakteristische Intensitätsverteilung eine deutlich verbesserte Prozeßeffizienz gegenüber herkömmlichen Optiken ermöglicht. Der Einsatz angepaßter und variabler Strahlformungssysteme verspricht eine erhöhte Flexibilität beim Laserstrahlhärten. Zum Härten schwer zugänglicher Stellen wird eine neu entwickelte, eintauchende Bearbeitungsoptik präsentiert. In diesem Zusammenhang werden auch die Prozeßkontrolle und die Integration des Laserstrahlhärtens in konventionelle Werkzeugmaschinen näher betrachtet.

Im zweiten Teil dieses Beitrags wird ein numerisches Modell vorgestellt, das es gestattet, die metallkundlichen Vorgänge beim Laserstrahlhärten zu simulieren. Am Beispiel realer Bauteilgeometrien wird demonstriert, wie unter Berücksichtigung realer Intensitätsverteilungen die lokale Härteverteilung nach einer Laserbearbeitung ermittelt wird. Der Einfluß der Strahlform auf das Härteergebnis kann somit beurteilt und ein geeignetes Strahlformungssystem für die aktuelle Bearbeitungsaufgabe ausgewählt werden.

Inhaltsverzeichnis

Kurzfassung   **5**

Inhaltsverzeichnis   **7**

Formelzeichen und Abkürzungen   **9**

1   Einleitung und Zielsetzung der Arbeit   **11**

2   Grundlagen   **13**

2.1   Metallkundliche Vorgänge 13

2.2   Energieeinkopplung 16

2.3   Wärmetransport 21

2.4   Einfluß der Strahlformung auf das Laserstrahlhärten 23

3   Stand der Technik   **24**

3.1   Strahlführung und -formung 24

    3.1.1 Leistungsübertragung durch flexible Lichtleiter 24

    3.1.2 Optische Systeme zur Strahlformung 26

        3.1.2.1 Determinierte optische Systeme 28

        3.1.2.2 Variable optische Systeme 30

3.2   Prozeßüberwachung und -kontrolle 32

3.3   Industrielle Anwendungen des Laserstrahlhärtens 34

3.4   Bisherige Ansätze zur Modellbildung 35

4   Neue Strahlformungssysteme   **38**

4.1   Beurteilungskriterien 38

    4.1.1 Strahlanalyse zur Charakterisierung der Systeme 38

    4.1.2 Beurteilung der Härteergebnisse 39

4.2   Strahlformungssysteme mit determinierten optischen Systemen 41

    4.2.1 Optische Einzelelemente zur Strahlformung 42

        4.2.1.1 Einzelfaser 42

        4.2.1.2 Faserbündel / Faserstab 43

        4.2.1.3 Kaleidoskop 44

        4.2.1.4 Facettenintegrator 46

        4.2.1.5 Axikon 47

        4.2.1.6 Hologramm 48

    4.2.2 Erweiterte Möglichkeiten durch eine zusätzliche Abbildung 49

    4.2.3 Erprobung der Einzelelemente in Härteexperimenten 56

4.3   Strahlformung mit variablen optischen Systemen 64

4.3.1 Oszillatoroptik 64
4.3.2 Strahlkombinationsoptik 68
    4.3.2.1 Addition von Strahlquellen 69
    4.3.2.2 Aufteilung eines Einzelstrahls zur Nutzung der Brewster-Absorption 71

5   Exemplarische Anwendungen   74

5.1 Bearbeitung von Bauteilen 74
    5.1.1 Kante 74
    5.1.2 Sitzgeometrie 75
    5.1.3 Innenliegende Flächen von Bohrungen 80
5.2 Integration in eine Bearbeitungsmaschine 87

6   Modellbildung und Simulation   91

6.1 Randbedingungen für das Simulationsmodell 91
6.2 Wärmeleitungsrechnung 92
    6.2.1 Zweidimensionale Bearbeitungssituation 93
    6.2.2 Dreidimensionale Bearbeitungssituation 94
6.3 Berechnung der lokalen Härteverteilung 96
    6.3.1 Zweidimensionale Kohlenstoffdiffusion 102
    6.3.2 Eindimensionale Kohlenstoffdiffusion 104
        6.3.2.1 Lineare Diffusion 105
        6.3.2.2 Kugeldiffusion 106
    6.3.3 Überprüfung und Bewertung der Härteberechnungen 107
6.4 Härtung einer Innenkontur - Simulation und Experiment 108
6.5 Prozeßsimulation für Konstruktion und Fertigung 112
    6.5.1 Kopplung zwischen CAD und Finite-Elemente-Programm 112
    6.5.2 Parameterstudien in Simulation und Experiment 113
    6.5.3 Untersuchung der Härtbarkeit eines Bauteils am Rechenmodell 116

7   Zusammenfassung und Ausblick   119

8   Literatur   122

Anhang   132

A: Analytische Berechnung der Wärmeleitung 132
    A.1: Eindimensionale Wärmeleitung 132
    A.2: Näherungslösung des Integrals ierfc der komplexen Fehlerfunktion 133
B: Einige experimentelle Ergebnisse im Detail 134
C: Numerische Ansätze zur Berechnung der Diffusion 140
    C.1: Numerische Erfassung der linearen Diffusion 140
    C.2: Numerische Erfassung der kugelsymmetrischen Diffusion 142

Danksagung   143

Formelzeichen und Abkürzungen

A	-	Absorptionsgrad
Ac_1	°C	Grenztemperatur der Umwandlung in Austenit
Ac_3	°C	Grenztemperatur zum Erreichen homogenen Austenits
a	m	(Objekt-) Abstand
a'	m	Bildabstand
b		Rechenvariable
C45		(Vergütungs-) Stahl mit 0,45% Kohlenstoff (Werkst.-Nr. 1.0503)
c		Konstante
c_0	m/s	Lichtgeschwindigkeit im Vakuum
c_C	Masse-%	Kohlenstoffgehalt eines Materials
c_p	J/kg·K	spezifische Wärme
cw		Dauerstrich-Betriebsart eines Lasers (continuous-wave)
D	µm/s	Diffusionskoeffizient
d	m	Durchmesser
d_L	m	Strahldurchmesser
E	J	Energie
E_U	J/mm^{-3}	spezifische Umwandlungsenergie
E_{XY}	J/mm^{-3}	charakteristische Umwandlungsenergie für den Werkstoff XY
e'	m	Hauptebenenabstand
F	m²	Fläche
f	m	Brennweite
g		Rechenvariable
H_P	J/m²	Energiedichte (im Puls)
H	HV	Härtewert eines Netzknotens
HF		Hochfrequenz
HV		Härte nach Vickers gem. DIN 50133
I	W/m²	Intensität, Leistungsdichte
i		Zählvariable für Netzknoten
j		Zählvariable für Netzknoten
k		Absorptionsindex
l	m	Länge eines Abschnitts, Korngröße
M		Mittelpunkt
M_f	°C	Martensitfinishtemperatur
M_s	°C	Martensitstarttemperatur
m	m	Schrittweite auf der Zeitachse
N	-	komplexer Brechungsindex
Nd:YAG		Neodym-dotierter Yttrium-Aluminium-Granat-Kristall
n	-	Brechungsindex
P_{abs}	W	absorbierte bzw. eingekoppelte Leistung

P_L	W	Laserleistung
p		Index für Ebene parallel zur Einfallsrichtung des Strahls
Q	J/s·m^3	Wärmemenge
q		Rechenvariable
R	-	Reflexionsgrad
R_a	m	Mittenrauhwert gem. DIN 4768
Rht	HV	Einhärtungstiefe gem. DIN 50190 Teil 2
r	m	Radius
r_B	m	Biegeradius
r_L	m	Strahlradius
SI		Stufenindex (stufenförmiger Übergang zw. Brechungsindizes)
s		Index für Ebene senkrecht zur Einfallsrichtung des Strahls
T	-	Transmissionsgrad
T	K, °C	Temperatur
T_{krit}	K/s	kritische Abkühlgeschwindigkeit zur Bildung von Martensit
T_m	°C	Schmelztemperatur
t	s	Zeit
t_L	s	Einschaltdauer des Laserstrahls, Wechselwirkungzeit
U		Knotenpunkt
u		lokale Kohlenstoffkonzentration
u_{xx}		doppelte Ableitung d. Kohlenstoffkonzentration nach dem Weg x
V		Knotenpunkt
v	m/s	Vorschubgeschwindigkeit
w	m	Schrittweite auf der Wegachse
x	m	kartesische Ortskoordinate
y	m	kartesische Ortskoordinate
z	m	kartesische Ortskoordinate
α	grd	Einfallswinkel des Strahls bezüglich des Flächenlots
β'		Abbildungsmaßstab
ε_r	C/(V·m)	relative Dielektrizitätskonstante
η_A	-	Einkoppelgrad
η_P	-	Prozeßwirkungsgrad
Θ	rad	Strahldivergenz (Halbwinkel)
θ	grd	Raumwinkel
μ_r	V·s/(A·m)	relative Permeabilitätskonstante
κ	m^2/s	Temperaturleitfähigkeit
λ	m	Wellenlänge
λ	W/(m·K)	Wärmeleitfähigkeit
ρ	kg/m^3	Dichte
τ	s	Zeit
φ	grd	Raumwinkel

1 Einleitung und Zielsetzung der Arbeit

Die Funktion vieler technischer Bauteile wird maßgeblich durch die Eigenschaften ihrer Oberfläche bestimmt. Dies trifft insbesondere dann zu, wenn beispielsweise Reibung und damit verbunden Verschleißmechanismen auftreten, oder wenn das Bauteil hohen Temperaturen und/ oder korrosiven Umgebungseinflüssen ausgesetzt ist. Um die geforderten Oberflächeneigenschaften einzustellen, werden heute industriell eingeführte thermische Verfahren wie das Plasmaspritzen - zum Legieren oder Beschichten - sowie das Flamm- und das Induktionshärten eingesetzt. Ziel dieser Bearbeitungsverfahren ist es, oberflächennahe Schichten des Werkstoffgefüges zu verändern, ohne den Bauteilkern zu beeinflussen. Mit Hilfe dieser Veredlung der Randschicht können Bauteile konstruiert und gefertigt werden, die bei hoher Funktionalität gleichzeitig einen rationellen Gebrauch hochwertiger Werkstoffe ermöglichen.

In diesem Bereich eröffnet die Lasertechnologie mehrere prinzipielle Vorteile /1/. Sie beruhen in erster Linie auf der Tatsache, daß der Laserstrahl als Wärmequelle sehr leicht auf ausgewählte Oberflächenbereiche gerichtet werden kann. Somit ist der Energieeintrag in das Bauteil sowohl in zeitlicher, als auch in räumlicher Hinsicht gezielt steuerbar. Auf diese Weise ergibt sich für das Bauteil eine sehr geringe thermische Belastung und daraus folgend ein vergleichsweise geringer Verzug, der häufig ohne weitere Nacharbeit toleriert werden kann. Desweiteren ist die Qualität der mit dem Laser modifizierten Schichten oft höher, als sie mit konventionellen Techniken erzielbar ist. Dennoch haben Laseroberflächentechnologien aufgrund der relativ hohen Kosten bislang noch keine weite Verbreitung in der industriellen Fertigung gefunden.

Um die Wirtschaftlichkeit einer Laserbearbeitung zu erhöhen, müssen deshalb deren Kosten reduziert werden. Dies kann einerseits geschehen, indem die Investitions- und Betriebskosten der Strahlquellen und der Handhabungssysteme durch technische Verbesserungen und weitere technologische Entwicklungen gesenkt werden. Ein gutes Beispiel für diesen Aspekt sind die Vereinfachung der Strahlführung durch den Einsatz flexibler Lichtleitfasern für Festkörperlaser und der Einsatz von Halbleiterlasern, deren Preis durch Massenproduktion in naher Zukunft die Kosten für die Laserstrahlquelle drastisch reduzieren dürfte. Auf der anderen Seite erscheint der Wirtschaftlichkeitsgewinn durch eine erhöhte Produktivität als ein weiterer erfolgversprechender Ausgangspunkt. Ziel dieser Arbeit soll es deshalb sein, neue Ansätze aufzuzeigen, mit denen die Produktivität beim Laserstrahlhärten gesteigert werden kann. Die Bezeichnung *Produktivität* sei dabei nicht nur auf den Ausstoß an bearbeiteten Teilen pro Zeiteinheit beschränkt, sondern umfasse auch energetische und organisatorische Aspekte.

Eine zentrale Rolle bei diesen Untersuchungen kommt dabei der Form der Intensitätsverteilung im Strahlfleck zu. So kann gezeigt werden, daß durch eine entsprechende Strahlformung die Effizienz des Härteprozesses günstig beeinflußt wird. Aus energetischer Sicht ist für die Produktivität der Laserbearbeitung in erster Linie die Prozeßeffizienz maßgeblich, bezeichnet sie doch den Anteil der teuer erzeugten Laserenergie, der tatsächlich bei der Umwandlung des Werkstoffes umgesetzt wird. Bei der Betrachtung des Prozeßwirkungsgrades findet allerdings ausschließlich das umgewandelte Werkstoffvolumen Beachtung; die Geometrie der Härtezone wird nicht berücksichtigt. Die verschiedenen Strahlformungssysteme unterscheiden sich jedoch insbesondere in der Gestalt der erzeugten Härtezone. Es sind also Strahlformen zu erzeugen, die eine Härtung gemäß den konstruktiven Anforderungen bei gleichzeitig hohem Wirkungsgrad erlauben.

Durch das Formen der Strahlverteilung, angepaßt an die jeweilige Bearbeitungsaufgabe, erweist sich der Laser als äußert flexibles Werkzeug zum Härten und leistet damit einen wesentlichen Beitrag zur Produktivitätssteigerung des gesamten Fertigungssystems. Zu diesem Zweck werden sowohl Strahlformungssysteme vorgestellt, die besonders geeignet sind, gerade Härtespuren zu erzeugen, als auch solche, die zur Härtung ringförmiger Sitzgeometrien angepaßt sind.

Neben Strahlformungselementen mit einer charakteristischen Intensitätsverteilung werden optische Systeme vorgestellt, deren resultierende Strahlform variabel ist. Ein Höchstmaß an Flexibilität kann erreicht werden, wenn ein flexibles Oszillatorsystem eingesetzt wird, das in der Lage ist, unterschiedliche Strahlformen zu erzeugen. Mit einer solch universellen Optik können eine Vielzahl von Härteaufgaben bearbeitet werden.

Die Strahlführung mittels flexibler Glasfasern ermöglicht eine einfache Integration der Laserbearbeitung in konventionelle Werkzeugmaschinen. Es kann gezeigt werden, daß neben der spanenden Bearbeitung eines Bauteils auch das Laserstrahlhärten in einer Drehmaschine durchführbar ist. Dieses Beispiel demonstriert die Möglichkeit zur laserintegrierten Komplettbearbeitung ebenso, wie die Unabhängigkeit der vorgestellten Strahlformungskonzepte von einem speziellen Maschinenkonzept.

Mit Hilfe von Simulationsmodellen läßt sich bereits während der Konstruktionsphase abschätzen, ob die aktuelle Geometrie überhaupt zu härten ist, und wie die geeigneten Strahlformungs- und Prozeßparameter aussehen müssen. Dieses Vorgehen beschleunigt die Fertigungsplanung und den Fertigungsanlauf, was bei kurzen Produktzyklen ein immer bedeutenderer wirtschaftlicher Faktor wird. In der vorliegenden Arbeit wird hierfür ein numerisches Modell vorgestellt, das die Umwandlungsvorgänge im Werkstoff auf der Basis lokaler Kohlenstoffdiffusion berechnet. Damit ist eine Vorausberechnung der räumlichen Härteverteilung im Bauteil und eine flexible Reaktion auf Änderungen möglich.

Einen weiteren wichtigen Aspekt für die Produktivität stellt die Prozeßsicherheit dar, weil durch Ausschußfertigung die Wirtschaftlichkeit der gesamten Fertigung verringert wird. Beim Härten ist, in gleicher Weise wie beim Schweißen, eine zerstörende oder auch zerstörungsfreie Prüfung des Bearbeitungsergebnisses mit großem Aufwand verbunden und somit eigentlich nur bei sicherheitsrelevanten Bauteilen gerechtfertigt /2/. Hier wird nun ein konstengünstiges Prozeßsicherungssystem vorgestellt, das in den Bearbeitungskopf integriert ist und durch eine kontinuierliche automatische Prozeßüberwachung und -steuerung sicherstellt, daß das geforderte Bearbeitungsergebnis immer erzielt und somit Qualität produziert wird.

Damit werden in dieser Arbeit verschiedene Möglichkeiten der Effizienzsteigerung und der Flexibilisierung aufgezeigt, mit denen das fertigungstechnische Potential des Lasers zum Härten lokaler Oberflächenbereiche in Zukunft wirtschaftlicher genutzt werden kann.

2 Grundlagen

Die Bezeichnung *Thermisches Werkzeug* für den Laser weist darauf hin, daß bei der Materialbearbeitung die Laserstrahlung an der Werkstückoberfläche absorbiert und in Wärme umgewandelt wird. Die Mechanismen der Strahleinkopplung und des Wärmetransports sollen
deshalb in diesem Kapitel näher betrachtet werden; ebenso der Einfluß, den die Struktur der
Wärmequelle auf das Bearbeitungsergebnis hat. Zum besseren Verständnis der beim Laserstrahlhärten auftretenden physikalischen Phänomene sollen zunächst die metallkundlichen
Vorgänge des martensitischen Umwandlungshärtens kurz betrachtet werden.

2.1 Metallkundliche Vorgänge

Die Umwandlungsvorgänge beim Laserstrahlhärten, die schließlich zur Martensitbildung und
damit zu einer Härtesteigerung führen, unterscheiden sich prinzipiell nicht von denen konven-
tioneller Härteverfahren. Die Erwärmung eines Bauteils erfolgt dabei nur in der Nähe der
Oberfläche, so daß das Härten mit Laserstrahl zu den Randschichthärteverfahren zu zählen ist,
auf das die entsprechenden Normen anzuwenden sind /3, 4/.

Der Einfluß von Legierungselementen soll in den folgenden Betrachtungen vernachlässigt
werden, da deren Berücksichtigung zum allgemeinen Verständnis der grundlegenden Zusammenhänge nicht beiträgt. Eine ausführliche Beschreibung dieser Einflüsse ist in /5/ gegeben.
Als modellhafter Werkstoff in dieser Arbeit wurde ein untereutektoider Vergütungsstahl
gewählt.

Durch die Wechselwirkung Laserstrahl - Werkstück wird ein zeit- und ortsabhängiges Temperaturfeld im Werkstück induziert. Dieser Temperaturzyklus läuft zwar wesentlich schneller ab
als zum Beispiel bei einer Ofenhärtung, so daß das Laserstrahlhärten zu den Kurzzeitprozessen
gezählt werden kann, läßt sich aber ebenfalls in die drei Phasen Aufheizen, Halten, Abkühlen
aufteilen.

Aufheizen. Ein untereutektoider Stahl mit einer Kohlenstoffkonzentration kleiner 0,78 %
besteht bei Raumtemperatur aus einem Zweiphasengemisch aus Ferrit (α-Eisen) und Perlit
(Gemisch aus Ferrit und Zementit (Fe_3C)). Während in den kubisch-raumzentrierten Kristall-
körnern des Ferrits Kohlenstoff praktisch unlöslich ist, weisen die Perlitkörner aufgrund ihres
Anteils an Eisenkarbid (6,7 % C) einen durchschnittlichen Kohlenstoffgehalt von 0,78 % auf.
Bei Erwärmung des Stahls über die Ac_1-Temperatur beginnen sich die kubisch-raumzentrierten
Gitterbereiche von Ferrit und Perlit in das kubisch-flächenzentrierte Gitter des Austenits (γ-
Eisen) umzuwandeln. Mit Erreichen der Ac_3-Temperatur ist diese Umwandlung abgeschlos-
sen. Der Zusammenhang von Aufheizgeschwindigkeit und Grad der Austenitisierung ist in
Zeit-Temperatur-Austenitisierungsschaubildern (ZTA) dargestellt (Bild 2.1). In Austenit ist die
Löslichkeit mit einer Sättigungskonzentration von 2 % wesentlich höher als in Ferrit bzw. Per-
lit. Im Verlauf dieser Erwärmung hat sich die chemische Bindung des Kohlenstoffs im Eisenkarbid ebenfalls aufgelöst, so daß frei bewegliche Kohlenstoffatome zur Verfügung stehen. In

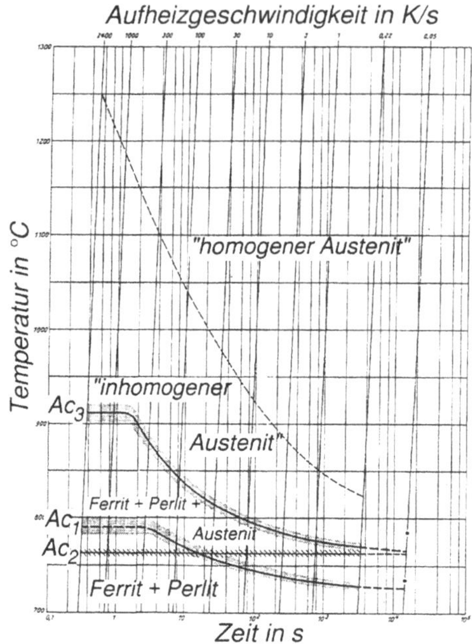

Bild 2.1   Zeit-Temperatur-Austenitisierungsschaubild   (ZTA)   für   kontinuierliches
              Wärmen des Stahls Ck45 /6/.

/7/ wurde gezeigt, daß aufgrund des fein verteilten Karbidanteils und der damit verbundenen
kurzen Diffusionswege nach Überschreiten der Ac_3-Temperatur in den ehemaligen Perlitkör-
nern praktisch instantan homogener Austenit mit einer Kohlenstoffkonzentration von 0,78 %
vorliegt, während dies für die anderen Gefügebereiche nicht der Fall ist.

Halten. Direkt nach dieser Phasenumwandlung liegt oberhalb von Ac_3 also eine inhomogene
Verteilung des Kohlenstoffs im Austenit vor (ehemalige Ferritkörner 0 % C, ehemalige Perlitkörner 0,78 % C). Diese lokalen Konzentrationsunterschiede lösen eine ausgleichende Diffusion von Kohlenstoffatomen im Kristallgitter aus. Bei kurzer Austenitisierungsdauer, wie sie
für das Laserstrahlhärten typisch ist, ist die Kohlenstoffdiffusion allerdings zeitlich stark ein-
geschränkt. Durch Überhitzen des Gefüges auf Temperaturen oberhalb von Ac_3 kann durch
eine erhöhte Diffusionsgeschwindigkeit trotz kurzer Austenitisierungsdauer eine homogene
Verteilung des Kohlenstoffs im Austenit erreicht werden /8/. Denn erst durch ein Abschrecken
aus dem Zustand des homogenen Austenits lassen sich maximale Härtewerte verwirklichen
/9/. Austenit wird bei den lasertypischen Aufheizgeschwindigkeiten von mehr als 10^3 K/s
allerdings erst bei Temperaturen oberhalb von 1200 °C (bei C45) homogen. Dies gelingt aber
nur dann, wenn die Diffusionswege, die die Kohlenstoffatome für die vollständige Homogenisierung zurücklegen müssen, nicht zu groß werden. Maßgeblich für die Länge dieser Diffusionswege ist neben der Kohlenstoffkonzentration in hohem Maße auch die Korngröße. Denn
diese gibt ein Maß für den mittleren Weg, den ein Kohlenstoffatom bis in das Zentrum eines
zuvor kohlenstofffreien Ferritbereichs zurückzulegen hat.

Abkühlen. Bei einer langsamen Abkühlung wandelt sich der Austenit wieder in kubisch-raumzentrierte Kristalle um. Der nicht mehr lösliche Kohlenstoff wird dabei aus den entstehenden Ferritkörnern in den verbleibenden Austenit abgedrängt, der schließlich wieder eine Kohlenstoffkonzentration von 0,78 % erreicht und sich in Perlit umwandelt. Das Gefüge nimmt also in diesem Fall einen dem Ausgangszustand vergleichbaren Aufbau an: Es erfolgt eine reversible Phasenumwandlung ohne Härtung. Wird dagegen sehr rasch abgekühlt, kann der überschüssige Kohlenstoff nicht mehr in die verbleibenden Austenitkörner diffundieren und lagert sich als Fremdatom in den ferritischen Kristallaufbau ein. Die resultierenden Gitterstörungen führen zur Ausbildung eines tetragonal-verzerrten Kristallgitters, dem Martensit. Dessen interkristalline Verspannungen äußern sich dabei makroskopisch als Härte.

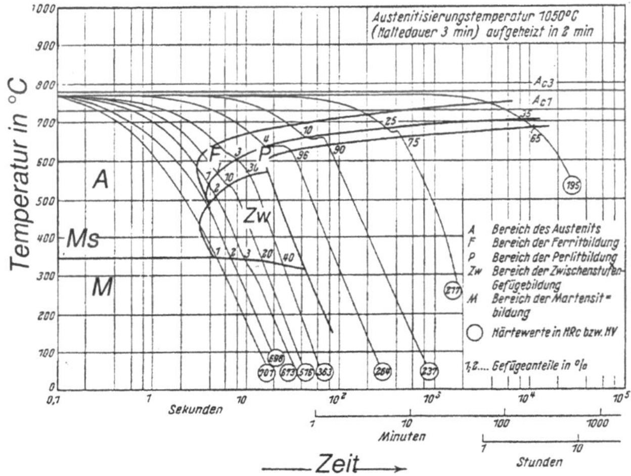

Bild 2.2   Zeit-Temperatur-Umwandlungsschaubild (ZTU) für kontinuierliches Abkühlen des Stahls Ck45 /10/.

Die niedrigste Abkühlgeschwindigkeit, bei der das Gefüge vollständig in Martensit umgewandelt werden kann, wird als kritische Abkühlgeschwindigkeit bezeichnet. Der Vorgang der Martensitbildung setzt bei der Martensitstarttemperatur M_s ein. Die Umwandlung aller austenitischen Bereiche in Martensit ist mit Erreichen der Martensitfinishtemperatur M_f abgeschlossen. Die Martensithärte, die kritische Abkühlgeschwindigkeit wie auch die charakteristischen Temperaturen Ac_3, M_s und M_f hängen dabei von der Kohlenstoffkonzentration ab. Für Werkstoffbereiche mit einem Kohlenstoffgehalt von mehr als 0,6 % liegt die M_f-Temperatur beispielsweise unterhalb der Raumtemperatur. Wird die Martensitbildung zwischen M_s und M_f unterbrochen, so verbleibt Restaustenit neben Martensit im Gefüge, der zum einen die Festigkeit des Werkstoffs verringert und sich zum anderen nachteilig auf eine geforderte Maß- und Formhaltigkeit des fertigen Bauteils auswirkt. Der Restaustenit kann allerdings durch Tiefkühlen (bis unter M_f), zum Beispiel in flüssigem Stickstoff, vollständig in Primär-Martensit umgewandelt werden oder durch eine nachfolgende Anlaßbehandlung in Sekundär-Martensit /11/. Die nach einer Wärmebehandlung vorliegenden Gefügebestandteile in einem Werkstoff werden in Abhängigkeit von den Abkühlbedingungen in einem Zeit-Temperatur-Umwandlungsschaubild (ZTU) dargestellt (Bild 2.2).

Die erforderlichen Abkühlraten werden beim Laserstrahlhärten durch Wärmeabfluß in das Werkstückinnere in der Regel erreicht. Diese Selbstabschreckung ist mit Raten von etwa 10^4 K/s der wirksamste Abkühlmechanismus überhaupt, so daß durch das Laserstrahlhärten auch niedriggekohlte Werkstoffe gehärtet werden können, die konventionell als nicht härtbar gelten /5/.

2.2 Energieeinkopplung

Laserlicht als elektromagnetische Welle kann durch die *Maxwell'schen Gleichungen* beschrieben werden (z.B. /12/). Danach pflanzt sich die Energie, die in einem Laserstrahl enthalten ist, während der Propagation in Vakuum oder bei Umgebungsbedingungen, wie sie für die Lasermaterialbearbeitung typisch sind, ungedämpft fort. Das *Beer'sche Gesetz* (Gleichung 2.1) beschreibt, wie die Intensität *I(z)* einer elektromagnetischen Welle in einem absorbierenden Medium entlang des Wegs z abgeschwächt wird:

$$I(z) = I(0) \cdot e^{-\frac{4\pi k}{\lambda} \cdot z} . \tag{2.1}$$

Bei Metallen wird die Amplitude der Welle dadurch innerhalb von wenigen Nanometern bis fast auf Null gedämpft. Die Energiemenge, die dabei an das absorbierende Material abgegeben wurde, wird in Wärme umgewandelt und steht damit für die Lasermaterialbearbeitung zur Verfügung. Der Absorptionsindex k ist gemäß Gleichung 2.2 mit dem komplexen Brechungsindex N verbunden:

$$N = n + i \cdot k = \frac{1}{c_0} \sqrt{\varepsilon_r \mu_r} . \tag{2.2}$$

Gleichung 2.2 stellt die Beziehung zwischen den optischen Eigenschaften n und k des bestrahlten Materials und dessen elektromagnetischen Größen, der relativen Dielektrizitätskonstanten ε_r und der relativen Permeabilitätskonstanten μ_r, her. Während für das hochfrequente Laserlicht $\mu_r = 1$ ist, hängt ε_r von der Laserwellenlänge und der Temperatur des bestrahlten Materials ab.

Die Wechselwirkung von Licht und Materie (Reflexion, Absorption, Transmission) wurde schon lange vor der Erfindung des Lasers intensiv untersucht. Für den Fall stark absorbierender Medien kann die Transmission vernachlässigt werden und die Absorption A ergibt sich aus der Reflexion R gemäß

$$A = 1 - R . \tag{2.3}$$

Wenn der Winkel des einfallenden Strahls (gegen die Flächennormale gemessen) größer als Null ist, unterscheidet sich die Absorption für Lichtstrahlen mit linearer Polarisation parallel (p) und senkrecht (s) zur Einfallsebene. Für Metalle können bei Wellenlängen von $\geq 0,5$ μm die folgenden Näherungen des Fresnel-Formalismus genutzt werden /13/:

$$A_P = \frac{4 \cdot n \cdot \cos\alpha}{(n^2 + k^2) \cdot \cos\alpha^2 + 2 \cdot n \cdot \cos\alpha + 1} \qquad (2.4)$$

$$A_S = \frac{4 \cdot n \cdot \cos\alpha}{n^2 + k^2 + 2 \cdot n \cdot \cos\alpha + \cos\alpha^2} \cdot \qquad (2.5)$$

Dies bedeutet, daß die Absorption von p-polarisierter Laserstrahlung mit zunehmendem Einfallswinkel ansteigt (Bild 2.3). Während für den CO_2-Laser bei Bestrahlung von Eisen ein ausgeprägtes Absorptionsmaximum von ungefähr 40 % bei Raumtemperatur und einem Einstrahlwinkel von rund 85° zu verzeichnen ist, befindet sich der breitere Bereich der maximalen Absorption beim Nd:YAG-Laser bei Werten unterhalb von 80°. Dieser als Brewster-Effekt bezeichnete Zusammenhang wird bei der Oberflächenbearbeitung mit CO_2-Lasern dazu genutzt, um ohne absorptionserhöhende Beschichtungen zu härten /14, 15, 16/ oder umzuschmelzen bzw. zu beschichten /17/. Dabei besteht aufgrund der großen einzusetzenden Einstrahlwinkel immer die Problematik der benötigten exakten Positionierung. Demgegenüber deuten die Kurven für den Nd:YAG-Laser an, daß bei dieser Wellenlänge die Positioniertoleranzen weniger kritisch sind.

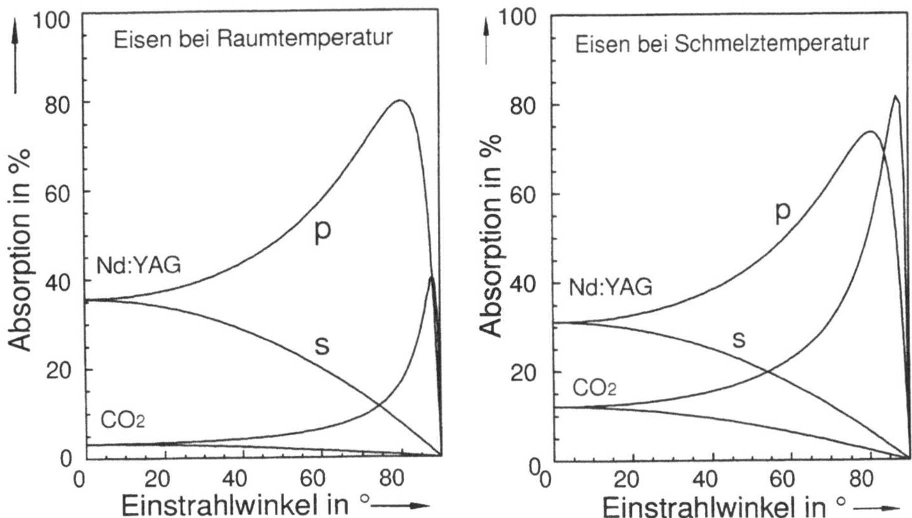

Bild 2.3   Polarisations-, Winkel- und Wellenlängenabhängigkeit der Absorption von Eisen bei Raum- und Schmelztemperatur /18/.

Unter Prozeßbedingungen ändern sich aufgrund der Temperaturerhöhung die Verhältnisse zum Teil drastisch. Die Konsequenzen für die Strahlabsorption sind dabei jedoch für die Wellenlänge des Nd:YAG-Lasers und die des CO_2-Lasers unterschiedlich, wie in Bild 2.4 zu sehen ist. Während die Absorption für den CO_2-Laser bei senkrechtem Strahleinfall mit der Temperatur zunimmt, nehmen die Werte für die Nd:YAG-Strahlung ab.

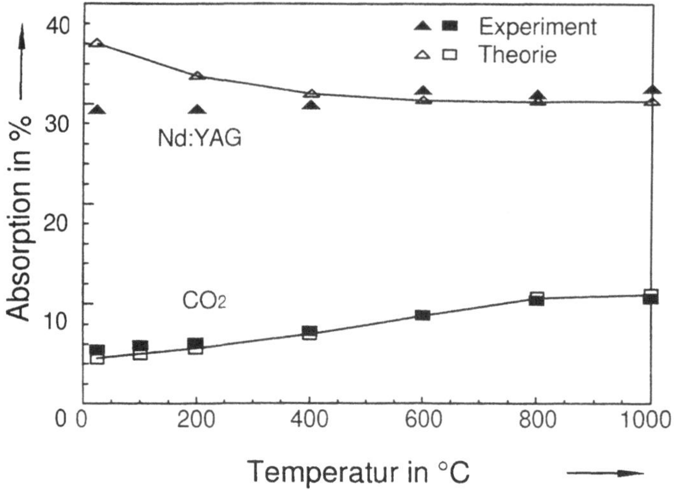

Bild 2.4   Temperaturabhängigkeit der Absorption für den Stahl 35NCD16 (vergleichbar
                32 NiCrMo 14 5 bzw. 1.6746) bei verschiedenen Wellenlängen /18/.

Die bisher angesprochenen Parameter bestimmen die grundlegenden physikalischen Mechanismen bei der Absorption von Laserlicht an einer glatten und sauberen Oberfläche. Im Überblick wird die Strahlabsorption also bestimmt von:

• Material,

• Temperatur,

• Wellenlänge,

• Polarisationsrichtung und

• Strahleinfallswinkel.

Sobald allerdings zusätzliche Effekte aufgrund besonderer Oberflächeneigenschaften (z.B.
Rauhigkeit, Beschichtungen o.ä.) bei der Umwandlung von Laserenergie in Wärme hinzutre-
ten spielen, ist es angebracht, den Begriff Einkopplung oder Einkoppelgrad (η_A) anstelle von
Absorption (A) zu verwenden. Berücksichtigung findet bei der Definition des Einkoppelgrads
generell die in das Werkstück eingebrachte Wärmeenergie im Verhältnis zur eingestrahlten
Laserenergie, wobei auch Verlustmechanismen, wie z.B. Strahlungsverluste, inbegriffen sind.

In /19/ wurde bei Raumtemperatur der Einfluß der Oberflächenrauhigkeit /20/ und des Bear-
beitungsverfahrens (Polieren, Polieren und Anlassen, Fräsen und Schleifen) auf den Einkoppelgrad untersucht. Bei feingefrästen Oberflächen (R_a = 5 µm) wurden ähnliche Werte
ermittelt wie für polierte Oberflächen. Mit zunehmender Rauhigkeit stieg der Einkoppelgrad
linear von ungefähr 30 % bis 50 % bei λ = 1,06 µm und von 5 % bis 12 % bei λ = 10,6 µm.
Sandgestrahlte und geschliffene Oberflächen wiesen im Vergleich mit gefrästen Oberflächen

gleicher Rauhigkeit eine deutlich verbesserte Einkopplung auf. Es wird angenommen, daß dieses Verhalten durch Oberflächenkontaminationen verursacht wird, die durch den Bearbeitungsprozeß entstehen.

Die Einkopplung wird außerdem durch Schichten aus nicht-metallischen Materialien beeinflußt, die auf der Werkstückoberfläche haften. Nachdem bei der Laseroberflächenbearbeitung von Eisen-Legierungen hohe Temperaturen involviert sind, treten während des Prozesses Oxidationsreaktionen auf, wenn keine Schutzgasatmosphäre eingesetzt wird. Die wachsende Oxidschicht - hauptsächlich FeO - beeinflußt den Einkoppelgrad günstig /21/. In Bild 2.5 sind verschiedene Messungen aus /22/ zusammengefaßt, die den temperaturabhängigen Einkoppelgrad für un- bzw. niedrig legierte Stähle bei den Wellenlängen des Nd:YAG- und des CO_2-Lasers darstellen.

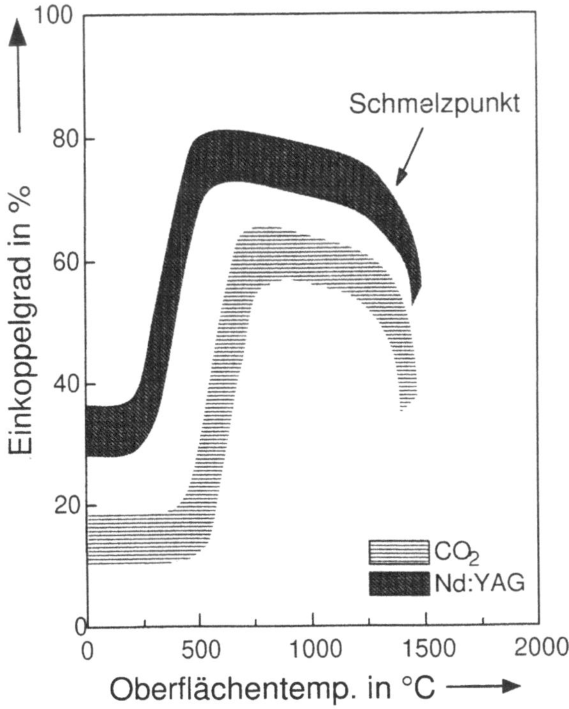

Bild 2.5   Temperaturabängiger Einkoppelgrad als Folge von Oxidationseffekten bei un- bzw. niedrig legierten Stählen (16 MnCr 5, C45 u.a.) /22/.

In diesem Diagramm beruht der steile Anstieg des Einkoppelgrads auf dem Beginn der Oxidationsprozesse oberhalb einer relevanten Aktivierungsenergie/-temperatur. Der maximale Einkopplungsgrad ist erreicht, sobald die Eindringtiefe der Laserstrahlung kleiner ist als die Dicke der Oxidschicht. Bei weiter wachsender Oxidschicht werden die Einkopplungseigenschaften deshalb nicht mehr durch den Substratwerkstoff bestimmt, sondern ausschließlich durch die Eigenschaften der Oxide. Der leichte Rückgang des Einkoppelgrads mit weiter zunehmender

Temperatur ist bedingt durch das entsprechende temperaturabhängige Absorptionsverhalten der Oxide. Sobald der Schmelzpunkt erreicht wird, ergibt sich ein scharfer Abfall in der Kurve, der mit dem Auftreten der metallischen Oberfläche des Schmelzbads korrespondiert.

Der Einkoppelgrad ist deutlich höher, wenn das zu behandelnde Werkstück bereits vorvergütet ist und die dabei entstandene Oxidschicht nicht entfernt wurde /23/. In /24/ wurde dieser Effekt ebenfalls beschrieben; dort wurden unlegierte Stahlproben eine Sekunde lang auf Temperaturen zwischen 350 und 700 °C erwärmt. Bei $\lambda = 10{,}6$ µm ergaben sich dabei Werte zwischen 17 und 60 % für den Einkoppelgrad, was die Ergebnisse aus Bild 2.5 bestätigt.

Sollen Werkstücke laserbehandelt werden, die nahezu fertigbearbeitet sind und deshalb blanke Oberflächen haben, so muß zur Erhöhung der Einkopplung eine dünne hochabsorbierende Beschichtung aufgebracht werden, wenn mit dem CO_2-Laser gearbeitet und der Brewster-Effekt zur Erhöhung der Absorption nicht genutzt wird. Hierbei kommen beispielsweise Phosphat- oder Graphitschichten zum Einsatz. In Bild 2.6 ist der Einkoppelgrad von graphitiertem, unlegiertem Stahl als Funktion der Laserintensität und der Wechselwirkungszeit dargestellt. Es wurden Spitzenwerte bis zu rund 90 % ermittelt. Mit zunehmenden Intensitäten und Wechselwirkungszeiten, wie sie eher typisch für das Laserstrahlhärten sind, verringert sich der Einkoppelgrad merklich /25, 26, 27, 28/. Die Ursache hierfür ist eine zunehmende Degradation der

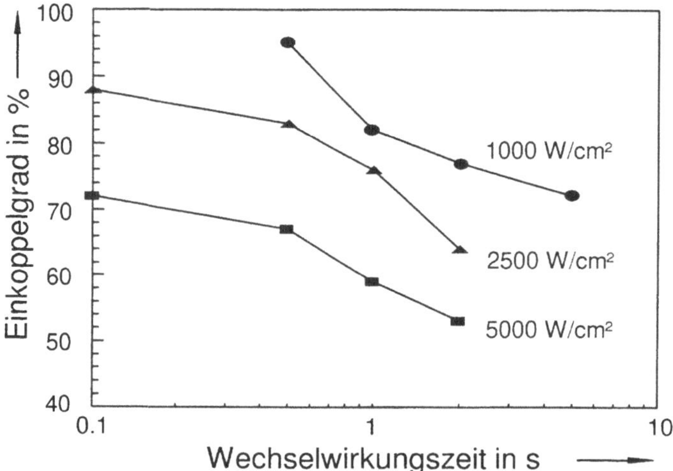

Bild 2.6   Degradation von Graphit-Coating mit zunehmender Wechselwirkungszeit bei Bestrahlung mit CO_2-Strahlung unterschiedlicher Intensität /25/.

Beschichtung aufgrund von chemischen Reaktionen, die unter Umständen auch die Werkstückoberfläche schädigen können. Aufkohlungseffekte sind dagegen mit Einsatztiefen von 0,1 - 0,2 mm erst bei Wechselwirkungszeiten um 20 s und Temperaturen in der Nähe der Soliduslinie zu erwarten, spielen also für das Laserstrahlhärten keine Rolle /29/. Absorptionserhöhende Beschichtungen steigern auch beim Nd:YAG-Laser die Prozeßeffizienz /30/. Generell sollte der Einsatz solch absorptionssteigernder Schichten sorgfältig bedacht werden, da das

reproduzierbare Auftragen und auch das Entfernen der Beschichtung in der Regel nur durch
zwei gesonderte Bearbeitungsschritte zu gewährleisten ist, die zusätzliche Zeit benötigen und
weitere Kosten verursachen.

2.3   Wärmetransport

Im vorangegangenen Abschnitt wurde betrachtet, wie durch unterschiedliche Effekte der Energieeintrag in das Werkstück beeinflußt werden kann. Die Eindringtiefe des Laserlichts beträgt
dabei nur wenige Nanometer, so daß die gesamte Wärme, die der eingekoppelten Laserenergie
entspricht, innerhalb dieser dünnen Zone „entsteht". Aus diesem Grund ist es zulässig, den
Laserstrahl als Oberflächenwärmequelle zu betrachten. Nachdem die elektromagnetische
Strahlung in Wärme umgewandelt ist, spielen weder die Einstrahlrichtung, die Polarisation des
Laserlichts noch dessen Wellenlänge für die dadurch induzierten Prozesse eine Rolle. Deshalb
kann bei der Betrachtung des Wärmetransports im Werkstück auf eine weitere Unterscheidung
der Lasertypen verzichtet werden.

Jedes Temperaturfeld ist maßgeblich von der Struktur der Wärmequelle abhängig. Somit ist
also auch die Temperaturverteilung in einem laserbehandelten Werkstück entscheidend von der
räumlichen und zeitlichen Ausdehnung der Lichtintensität geprägt. Bei der Erwärmung eines
Werkstoffs lassen sich dabei drei signifikante Bereiche unterscheiden:

- feste Phase,

- flüssige Phase und

- Dampfphase.

Für das martensitische Umwandlungshärten ist allerdings lediglich die feste Phase von Inter-
esse. Je nach Anwendungsfall und vorgesehener Nachbearbeitung können bei einer Laserhär-
tung auch leichte Oberflächenanschmelzungen toleriert werden. Im Gegensatz zum
Umschmelzen oder Beschichten sind in diesem Fall jedoch nur kleine Schmelzbadvolumina
involviert, so daß die Fluiddynamik keinen Einfluß auf das Bearbeitungsergebnis hat.

Der Energietransport im Festkörper erfolgt durch Wärmeleitung. Das Ziel der folgenden Aus-
führungen soll es indes nicht sein, spezielle mathematische Lösungen vorzustellen, sondern
mit Hilfe vereinfachter Ansätze das Verständnis für die wesentlichen Wechselwirkungsmecha-
nismen zu wecken. Diese Ansätze erlauben es, Rückschlüsse auf die Bearbeitbarkeit verschiedener Werkstoffe mit dem Laser zu ziehen. Als Beispiel, für das eine analytische Lösung
existiert /31/, wurde die eindimensionale Wärmeleitung gewählt, die im Prinzip durch einen
halbunendlichen Körper mit einer gleichförmigen Wärmequelle dargestellt werden kann (siehe
auch Anhang A). Die folgende vereinfachte Gleichung gibt das zeitliche Verhalten der Oberflächentemperatur in der Aufheizphase wieder

$$T_{SURF} = \frac{2 \cdot \eta_A \cdot I \cdot \sqrt{\kappa}}{\lambda \cdot \sqrt{\pi}} \cdot \sqrt{t} \quad , \tag{2.6}$$

während die folgende Gleichung die Verhältnisse beim Abkühlvorgang nach Abschalten der

Wärmequelle zum Zeitpunkt t_L beschreibt:

$$T_{SURF} = \frac{2 \cdot \eta_A \cdot I \cdot \sqrt{\kappa}}{\lambda \cdot \sqrt{\pi}} \cdot (\sqrt{t} - \sqrt{t - t_L}) \quad . \tag{2.7}$$

Für den Fall konstanter Einkopplung η_A sind einige Folgerungen in Bild 2.7 aufgezeigt. In Bild 2.7 a) sind die Bedingungen wiedergegeben, wie sie bei einer Laserbehandlung mit zeitlich homogenem Intensitätsprofil auftreten.

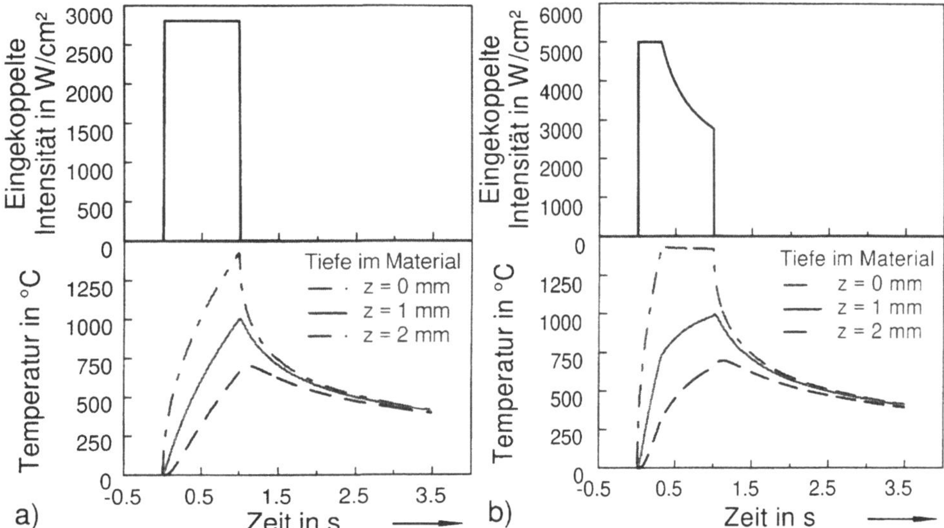

Bild 2.7   Resultierende Temperaturverteilungen in unterschiedlichen Werkstückschichten bei Bestrahlung mit (a) zeitlich homogenem bzw. (b) zeitlich angepaßtem Intensitätsprofil für jeweils 1 s.

Die maximale Temperatur an der Oberfläche (hier: Schmelztemperatur = 1430 °C) wird am Ende der Wechselwirkungszeit t_L = 1 s erreicht. Daraus folgt, daß bei der gewählten Wechselwirkungszeit die Werte der Intensität nicht erhöht werden dürfen, wenn Oberflächenanschmelzungen vermieden werden sollen. Im Inneren des erwärmten Werkstücks, in einer Tiefe von 1 oder 2 mm, sind die erreichbaren Maximaltemperaturen deutlich niedriger. Die dort vorgefundenen Temperaturen deuten bereits an, daß in Tiefen größer als 1 bis 2 mm die Umwandlungsbedingungen für den behandelten Werkstoff wohl nicht erreicht werden dürften. Auf diesen grundlegenden physikalischen Zusammenhängen basieren im wesentlichen alle Modelle, die das Laserstrahlhärten beschreiben.

Die zeitabhängige Energiezufuhr, wie sie in Bild 2.7 b) dargestellt ist, hat das möglichst schnelle Erreichen der zulässigen Maximaltemperatur zum Ziel sowie die Verwirklichung einer ausgedehnten Haltezeit im Anschluß daran /32, 33, 34/. Dadurch ergibt sich bei gleicher Maximaltemperatur eine im zeitlichen Mittel höhere Temperatur im Werkstück, die die metallurgischen Umwandlungen begünstigt und damit die Effizienz des Härteprozesses merklich erhöht.

Nachdem instantanes Aufheizen auf eine gewünschte Temperatur nur rein theoretisch durch eine unendlich starke Wärmequelle denkbar ist, ergibt sich durch die beschränkte reale Laserleistung ein dreigeteilter Temperaturverlauf, wie er in Bild 2.7 b) unten zu sehen ist:

- *Aufheizen* mit maximal verfügbarem Energieeintrag, bis die Grenztemperatur erreicht ist.

- *Haltezeit*, während der der Energieeintrag stetig verringert wird, um die Oberflächentemperatur konstant zu halten.

- *Abkühlphase*, die nach Abschalten der Wärmequelle beginnt.

Fertigungstechnisch ist ein solcher Temperatur-Zeit-Verlauf am einfachsten durch eine Standhärtung zu realisieren, bei der der zu härtende Bauteilbereich ohne Vorschubbewegung während der gesamten Prozeßdauer ständig bestrahlt wird und somit durch die Kopplung von Laserleistung und Temperatur die gewünschte Temperaturführung möglich ist. Bei Vorschubhärtungen kann ein solch idealer Temperatur-Zeit-Verlauf nur lokal mit Hilfe der in /32/ beschriebenen speziellen Intensitätsverteilung erzeugt werden. Im übertragenen Sinne wird dieser Ansatz - das Gewährleisten eines hohen und konstanten Temperaturniveaus während der Bearbeitung - auch durch eine temperaturgeregelte Härtebearbeitung realisiert.

2.4 Einfluß der Strahlformung auf das Laserstrahlhärten

Es wurde bereits gezeigt, daß ein Eisenwerkstoff durch einen von außen induzierten Temperaturzyklus von einem Gleichgewichtszustand in einen Zustand des Nichtgleichgewichts mit höherer Festigkeit überführt werden kann. Wie allerdings die „treibende" Temperaturverteilung an der Werkstückoberfläche aussieht, wird durch die laterale Ausdehnung und die Struktur der Leistungsdichteverteilung - des Intensitätsprofils - und deren Wechselwirkungszeit mit dem Werkstück bestimmt. Die erreichbaren Maximaltemperaturen und Temperaturgradienten verringern sich dabei in jedem Fall mit zunehmendem Abstand von der Werkstückoberfläche.

Das Intensitätsprofil der Laserstrahlung bildet sich durch die beschriebenen Einkoppelmechanismen als Wärmequelle bzw. als Temperaturverteilung auf der Werkstückoberfläche ab. Durch die Wärmeleitung wird die Kontur der Wärmequelle verwischt, so daß die resultierende Härtezone zwar der eingesetzten Intensitätsverteilung ähnlich ist, aber kein exaktes Abbild von ihr darstellt.

Neben den Prozeßparametern, wie Wechselwirkungszeit und dem Ort der Einstrahlung, ist also die Art der Strahlformung für das Bearbeitungsergebnis entscheidend. Aus diesem Grund soll in den folgenden Abschnitten dargelegt werden, welche Möglichkeiten der Strahlformung existieren und welche charakteristischen Auswirkungen sie auf das Härteergebnis haben. Auf diese Weise kann dem potentiellen Anwender ein Hilfsmittel an die Hand gegeben werden, das ihm ermöglicht, für seine konkrete Bearbeitungsaufgabe das geeignete Strahlformungssystem auszuwählen.

3 Stand der Technik

In den folgenden Abschnitten werden unterschiedliche Aspekte des Laserstrahlhärtens betrachtet. Es werden dabei jeweils die aktuellen Erkenntnisse in einem knappen Überblick wiedergegeben.

3.1 Strahlführung und -formung

Grundsätzlich erfolgt die Beeinflussung des Lichts innerhalb von Medien, besonders aber an deren Grenzflächen. Dabei treten je nach optischer Dichte der beteiligten Medien und je nach Strahleinfallswinkel bezüglich dieser Flächen die beiden optischen Phänomene

- Reflexion und

- Brechung

auf. Während für die CO_2-Oberflächenbearbeitung praktisch ausschließlich reflektierende Systeme zum Einsatz kommen, dominieren im Bereich der Nd:YAG-Hochleistungslaser transmittierende Systeme. Für die Art der Strahltransformation ist jedoch nicht dieser physikalische Grundmechanismus ausschlaggebend, sondern die Funktionalität des jeweiligen Elements. Es läßt sich dabei die Funktion eines jeden optischen Elements als die Überlagerung vieler Einzelstrahlen beschreiben, die je nach Optikkonzept statisch oder dynamisch erfolgen kann.

An dieser Stelle soll auf die Beschreibung der Strahlführung im Freistrahl und des Einsatzes von Teleskopen zur Verringerung der Divergenz bei großen Übertragungslängen verzichtet werden, da diese Aspekte für die Betrachtungen im Rahmen dieser Arbeit ohne Bedeutung sind. Es sei deshalb auf die entsprechenden Darstellung zum Beispiel in /1/ verwiesen.

3.1.1 Leistungsübertragung durch flexible Lichtleiter

Optische Wellenleiter weisen eine integrierende Wirkung aufgrund von internen Multireflexionen auf. Kennzeichnend für diese Art der optischen Elemente sind die Laufzeit- und Wegunterschiede der einzelnen Teilstrahlen, die das System durchlaufen. Während für den CO_2-Laser solche Wellenleiter typischerweise aus innen verspiegelten Rohren bestehen, sind für den Festkörperlaser aufgrund seiner kürzeren Wellenlänge auch transmissive Wellenleiter aus Glassubstraten möglich. Bekanntestes Beispiel hierfür ist die Strahlführung innerhalb von flexiblen Glasfasern. Optische Glaswerkstoffe sind transparent für Licht der Wellenlänge von Nd:YAG-Strahlung und können daher nahezu verlustfrei von ihr durchdrungen werden. Einmal innerhalb des optisch dichteren Mediums, erfolgt intern unter bestimmten Bedingungen eine Totalreflexion des Lichts an der Grenzfläche zum umgebenden optisch dünneren Medium (Luft oder Ummantelung mit geringerem Brechungsindex) /35/.

Wird ein solcher Glaskörper zu einer dünnen, biegsamen Faser ausgeformt, so erhält man einen optischen Wellenleiter (allgemein auch Glasfaser oder Lichtleitfaser genannt), innerhalb dessen (Laser-)Licht mit sehr geringen Verlusten auch über große Strecken übertragen werden kann. Zur Zeit kommen in der Materialbearbeitung mit Multikilowattlasern Fasern mit Kerndurchmessern zwischen 0,4 mm und 1,0 mm zum Einsatz. Verluste treten dabei fast ausschließlich an den beiden Endflächen der Lichtwellenleiter durch Reflexion und Streuung auf; sie liegen insgesamt in der Größenordnung von rund 10 % der Gesamtleistung. Die Übertragungsverluste sind also im wesentlichen unabhängig von der Länge der Fasern; es sind auch Anwendungen mit Faserlängen von mehreren hundert Metern bekannt /36/.

Eine Übertragung beeinflußt folgende wichtige Eigenschaften des Laserstrahls erheblich: die Divergenz, die Intensitätsverteilung, die Polarisation, die Kohärenz und die Phasenbeziehung zwischen den einzelnen Teilstrahlen.

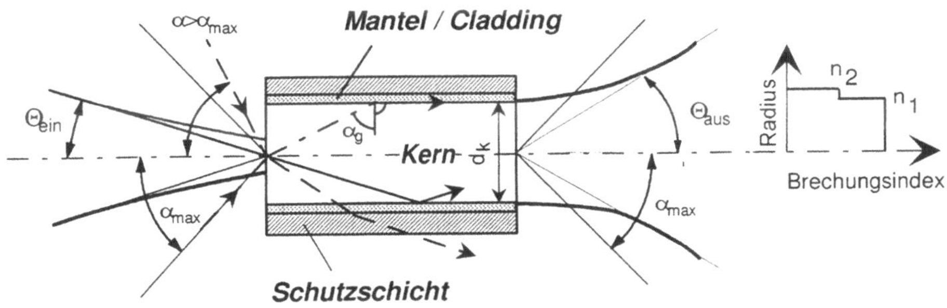

Bild 3.1   Lichtleitung in einer Stufenindexfaser.

Bei der derzeit wichtigsten Lichtleitfaser für Hochleistungslaser, der Stufenindexfaser (Bild 3.1), besteht der Faserkern aus Quarzglas mit konstantem Brechungsindex, der von einem (Quarz-) Glasmantel mit niedrigerer Brechkraft umgeben ist /37/. An dieser Grenzschicht zwischen Kern (Core) und Mantel (Cladding) findet Totalreflexion statt, wenn der Einfallswinkel der Strahlen dort größer ist als der Grenzwinkel α_g des Mantels, wobei gilt:

$$\sin\alpha_g = \frac{n_2}{n_1} \ . \qquad (3.1)$$

Dabei bezeichnet n_1 den Brechungsindex des Kerns und n_2 den des Mantels. Zur Gewährleistung der Totalreflexion muß sich das auf die Stirnfläche der Faser auftreffende Licht innerhalb eines Kegels mit dem Öffnungswinkel α_{max} befinden. Aus dieser Bedingung und dem Brechungsgesetz, angewandt auf die Einkopplung des Laserlichts aus der Umgebungsatmosphäre ($n_0 = 1$) in die Faser, erhält man für den maximal zulässigen Einstrahlwinkel α_{max}, unter dem Totalreflexion auftritt

$$NA = \sin\alpha_{max} = \sqrt{n_1^2 - n_2^2} \ , \qquad (3.2)$$

wobei der Sinus des Winkels α_{max} als die numerische Apertur NA der Faser bezeichnet wird.

Eine Biegung der Faser bewirkt eine Änderung des Einfallswinkels auf die Grenzfläche im Bereich ihrer Krümmung. Ein zu kleiner Biegeradius führt dabei unter Umständen zur Unterschreitung des Grenzwinkels α_g und damit zum Austritt von Strahlung an dieser Stelle. Ein solcher Strahlaustritt beschädigt in der Regel die Mantelfläche und die darüber liegenden Schutzschichten derart, daß an dieser Stelle mit einer Zerstörung der Faser gerechnet werden muß. Es empfiehlt sich daher, bei der Strahleinkopplung die numerische Apertur als Materialkonstante der Faser nicht vollständig auszunutzen, um die zu erwartenden Biegungen der Faser tolerieren zu können. Typische Werte sind zum Beispiel bei einer Faser mit 1 mm Kerndurchmesser eine numerische Apertur von 0,2 und ein minimal zulässiger Biegeradius in der Größenordnung von $r_B = 0{,}3$ m.

Grundsätzlich wird mit der Faserübertragung das Strahlparameterprodukt $r_L \cdot \Theta$ vergrößert. Wesentliche Ursache hierfür ist, daß bei der Strahleinkopplung - zur Vermeidung von Verlusten durch Abschneidung und Beugung - der Strahldurchmesser auf der Fasereintrittsfläche nur ungefähr 80% des Kerndurchmessers betragen sollte. Am anderen Ende der Faser tritt der Strahl jedoch homogen über den gesamten Kerndurchmesser aus, so daß sich der kleinste Strahldurchmesser nach der Faserübertragung mit dem Kerndurchmesser deckt.

Bei der Übertragung in einer gestreckten Faser bleibt die Divergenz der Strahlung prinzipiell erhalten. In einer mit dem Radius r_B gekrümmten Faser jedoch wird die Divergenz des Strahlenbündels vergrößert. Nach /38/ läßt sich die Divergenzzunahme $\Delta\Theta_{aus}$ für

$$d_K \ll r_B \tag{3.3}$$

abschätzen zu

$$\Delta\cos\Theta_{aus} \approx \frac{2 \cdot d_K}{r_B} \cdot \cos\Theta_{ein} \quad . \tag{3.4}$$

Setzt man nun typische Werte aus der fertigungstechnischen Praxis ein, so erhält man mit Θ_{ein} = 100 mrad, d_K = 0,6 mm und $r_{B,\,min}$ = 300 mm als ungünstigsten Fall für $\Delta\Theta_{aus}$ einen Wert von rund 4 mrad. Diese Vergrößerung der Divergenz kann in der Praxis in aller Regel vernachlässigt werden. Insgesamt gilt bei der Strahlübertragung mittels einer Faser also folgende Beziehung:

$$\frac{d_{L,\,ein}}{2} \cdot \Theta_{ein} < \frac{d_K}{2} \cdot \Theta_{aus} \leq \frac{d_K}{2} \cdot NA \quad . \tag{3.5}$$

Am Austritt der Stufenindexfaser erhält man unabhängig von der eintretenden Intensitätsverteilung ein Intensitätsprofil, das den Verlauf des Brechungsindexes widerspiegelt, also homogen über den gesamten Faserkerndurchmesser ist und deshalb zuweilen auch Zylinderprofil (oder auch „top hat" bzw. „flat top") genannt wird (Bild 3.2).

3.1.2   Optische Systeme zur Strahlformung

Beim Laserstrahlhärten wird das Bearbeitungsergebnis wesentlich durch das Intensitätsprofil des eingesetzten Strahls bestimmt. Es eröffnet sich damit die Möglichkeit, durch eine geeignete Modifikation der Intensitätsverteilung die gewünschte Härtegeometrie einzustellen. Im Rahmen dieser Arbeit soll dabei nicht auf sogenannte interne Strahlformungen eingegangen werden, die die Energiedichteverteilung des Strahls bereits in der Strahlquelle durch entsprechende Resonatorkonfigurationen /39/ oder Modenblenden beeinflussen. In modernen Bear-

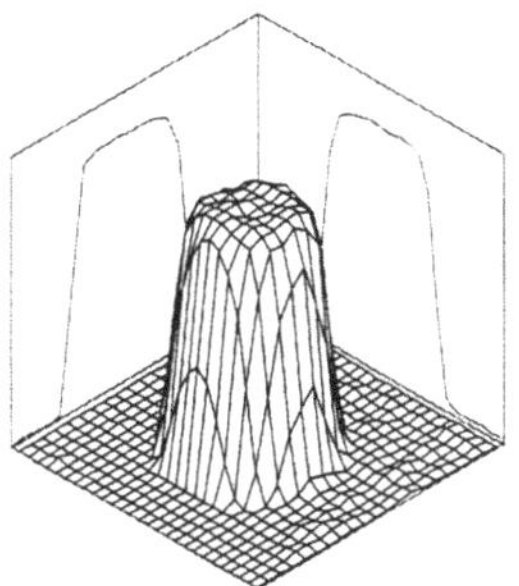

Bild 3.2   Intensitätsverteilung in der Ebene der Faserendfläche bzw. im Fokus einer konventionellen Fokussieroptik.

beitungssystemen haben solche internen Strahlformungen praktisch keine Bedeutung mehr. Bislang erfolgt die Strahlformung im fertigungstechnischen Einsatz fast ausschließlich mit abbildenden optischen Systemen oder mit Strahlformern, die eine homogene Intensitätsverteilung über einem quadratischen oder rechteckigen Querschnitt erzeugen.

Unabhängig davon, ob ein Strahlformungssystem statisch oder dynamisch betrieben wird, kann unterschieden werden, ob das erzeugte Strahlprofil bereits durch die Auswahl der Optik festgelegt ist oder ob es durch Einstellungsmöglichkeiten des Strahlformungssystems variabel gestaltet werden kann. Werden optische Einzelelemente zur Strahlformung eingesetzt, können sie als *determinierte Systeme* bezeichnet werden, da die geformte Intensitätsverteilung Resultat der charakteristischen Eigenschaften des Elements und somit festgelegt ist. Auch Sonderoptiken mit einem speziellen, eng umrissenen Einsatzbereich lassen sich als determinierte Systeme bezeichnen, obwohl sie in der Regel aus komplexeren optischen Systemen bestehen. Kennzeichnend für *variable Systeme* ist hingegen, daß ihre Konzeption darauf abhebt, die Form der erzeugten Intensitätsverteilung in gewissen Grenzen flexibel zu gestalten, um sie auf diese Weise an die jeweilige Aufgabe anpassen zu können. Diese Flexibilität eröffnet weite Einsatzmöglichkeiten für variable Strahlungssysteme bei im Vergleich zu Einzelelementen jedoch zum Teil deutlich komplexerem Aufbau. Tabelle 3.6 zeigt eine Übersicht über die derzeit genutzten Strahlformungssysteme für die Laseroberflächenbehandlung.

determinierte optische Systeme	**variable optische Systeme**
• Abbildungsoptik	• Adaptive Optik
• Wellenleiter / Kaleidoskop	• Oszillatoroptik
• Segmentoptik	• Strahlkombinationsoptik
• Linsenarray	
• Sonderoptiken	

Tabelle 3.6:   Einteilung der Strahlformungssysteme in determinierte und variable Systeme.

Dabei ist festzustellen, daß mit Ausnahme der Fokussierlinsen, die den Abbildungsoptiken zuzurechnen sind, alle Strahlformungssysteme auf der Basis der Reflexion arbeiten.

3.1.2.1   Determinierte optische Systeme

Abbildungsoptiken. Zu den abbildenden optischen Systemen gehören im wesentlichen alle transmissiven und reflektiven Fokussieroptiken. Durch ihren Einsatz bei Massenverfahren, wie dem Laserschneiden und -schweißen, sind fokussierende Optiken leicht verfügbar und als Standardkomponenten relativ preisgünstig zu beschaffen. Die Einstellung des Strahldurchmessers bzw. der Strahlbreite erfolgt über den Grad der Defokussierung des Systems. Bei diesen optischen Elementen mit ihren sphärischen bzw. paraboloiden /27, 40, 41, 42, 43/ oder zylindrischen Flächen /44, 45, 46/ wird die Struktur der Intensitätsverteilung allerdings lediglich transformiert, in ihrer Grundstruktur jedoch nicht verändert. Die Intensitätsverteilung auf dem Werkstück ist also eine Abbildung der Verteilung, die in das System eintritt, und somit vom Anwender nicht beeinflußbar.

Linsenarrays. Vorwiegend in Verbindung mit Eximerlasern werden Linsenarrays zur Strahlhomogenisierung eingesetzt. Ein Linsenarray besteht aus einer größeren Anzahl von Einzellinsen - meist Zylinderlinsen -, die in einem gemeinsamn Rahmen zu einem einzigen optischen Element zusammengefaßt sind. Durch die Überlagerung der auf diese Weise aufgespaltenen Teilstrahlen in der Arbeitsebene ergibt sich ein homogenes Strahlprofil. Die Qualität der Homogenisierung steigt mit der Anzahl der im Strahlengang wirksamen Einzellinsen. Beim Einsatz von einem Linsenarray aus Zylinderlinsen ist für eine optimale Homogenisierung ein zweites Linsenarray mit orthogonaler Ausrichtung erforderlich. Der Einsatz solcher Strahlintegratoren zusammen mit CO_2- oder Festkörperlasern ist bislang nicht bekannt.

Wellenleiter / Kaleidoskop. Wellenleiter sind optische Elemente, die mit Hilfe von Vielfachreflexionen elektromagnetische Wellen zum Teil auch über größere Entfernungen unabhängig von der ursprünglichen Propagationsrichtung transportieren können. Die auf diesem optischen Prinzip beruhenden Strahlformungseinrichtungen werden meist als Kaleidoskop bzw. Kaleidokopintegrator bezeichnet, da sie als innen verspiegelte Rohre mit quadratischem oder rechteckigem Querschnitt ausgeführt sind /47/. Durch die Überlagerung vieler Teilstrahlen aufgrund der Vielfachreflexionen ergibt sich am Austritt ein homogenes Strahlprofil mit dem Querschnitt des Rohrs. Kaleidoskope zeichnen sich durch eine gute Homogenisierungswirkung aus, führen aber bei CO_2-Lasern zu Absorptionsverlusten in der Größenordnung von 20 % /30/. Charakteristisch ist ebenfalls, daß die Homogenität des Strahlprofils mit zunehmendem Abstand vom Kaleidoskopaustritt schlechter wird, so daß nach dem Kaleidoskop eine Abbildungsstufe angeordnet sein sollte /48/. Durch Methoden des Raytracing lassen sich die Einflußfaktoren auf den Grad der Homogenisierung recht gut erfassen /21/.

In einem weitergehenden Ansatz wird in /16, 49/ vorgeschlagen, im Rahmen der Vielfachreflexion auch die Reflexionseigenschaften linear polarisierter Laserstrahlung zu nutzen. In dem dort beschriebenen Aufbau erfolgt die Homogenisierung nur in einer Ebene mit Hilfe lediglich zweier paralleler Spiegel, die so angeordnet sind, daß die Strahleinfallsebene jeweils senkrecht zur Polarisationsrichtung des Strahls liegt. Auf diese Weise werden die Absorptionsverluste drastisch verringert, und die lineare Polarisation bleibt erhalten. Mit dieser Anordnung konnten Härtungen unter schrägem Strahleinfall und ohne absorptionserhöhende Beschichtung durchgeführt werden.

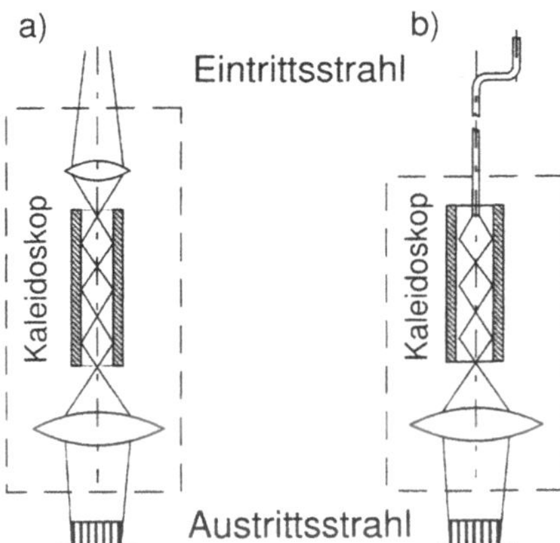

Bild 3.3:   Strahleintrittsmöglichkeiten bei einem Kaleidoskop: über Fokussierung (a) oder
               mit Glasfaser (b) /21/.

Segmentoptik. Eine weitere wichtige Gruppe strahlformender Systeme stellen die Optiken
dar, die den ursprünglichen Laserstrahl geometrisch aufspalten und die entstandenen Teilstrahlen zur Homogenisierung überlagern. Der wohl bekannteste Vertreter dieser Optiken dürfte der
Segment- oder Facettenspiegel sein /50, 51, 52, 53/. Bei ihm ist eine Vielzahl von rechteckigen
Spiegelsegmenten auf einer (a)sphärischen Kontur angebracht, wobei der einfallende Strahl
die einzelnen Segmente jeweils unter einem anderen Winkel trifft (Bild 3.4). Die einzelnen diskreten Teilstrahlen werden dann geometrisch-optisch in der Arbeitsebene überlagert, so daß
ein rechteckiges, homogenes Intensitätsprofil mit der Größe eines Einzelsegments entsteht.
Der Arbeitsabstand ist dabei durch die Brennweite der Trägerkontur fest vorgegeben. Im
Extremfall kann das Seitenverhältnis des Strahlflecks so eingestellt werden, daß eine linienförmige Verteilung entsteht /54/.

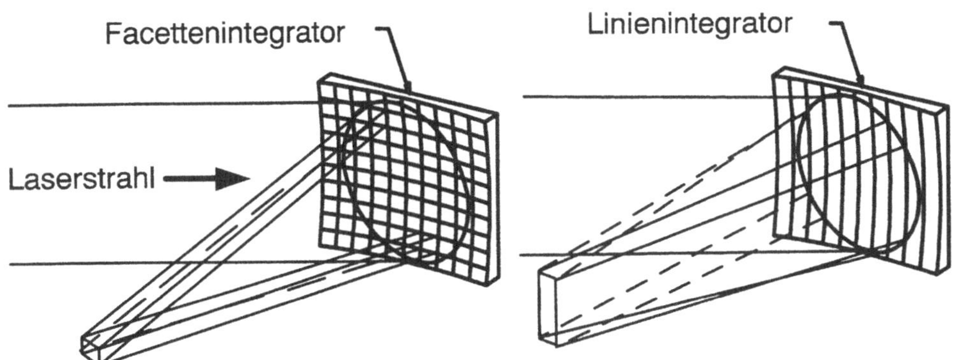

Bild 3.4:   Schematischer Aufbau von Segmentspiegeln.

Sonderoptiken. Aus der Vielzahl der in der Literatur beschriebenen Sonderoptiken sollen an dieser Stelle nur zwei Beispiele vorgestellt werden. Im ersten Fall war das Ziel, die beiden Zahnflanken auf einem Schalthebel gleichzeitig zu härten. Hierfür wurde auf ein System aus einem rotierenden Polygonspiegel und einem prismatischen Strahlteilerspiegel zurückgegriffen /55/. Durch die Winkeländerung des vom Polygonspiegel reflektierten Laserstrahls werden die beiden Spiegelseiten des Strahlteilers nacheinander bestrahlt und von dort auf die jeweils zugehörige Zahnflanke gelenkt. Die nahezu gleichzeitige Bestrahlung beider Zahnflanken wird durch die schnelle Rotation des Polygons gewährleistet. Es findet also eine zeitliche Integration des Strahlprofils statt.

Ein weiteres Sonderkonzept ist in /56/ beschrieben und in Bild 3.5 dargestellt. Dort läuft der Laserstrahl aufgrund der Taumelbewegung eines schnell rotierenden Spiegels (100 - 200 Hz) auf einer Bahn entlang eines Kegelmantels. Am unteren Ende dieser Bahn befindet sich ein Axikonspiegel, der die Strahlung wieder in Richtung der zentralen Achse auf das zylinderförmige Werkstück reflektiert, welches auf diese Weise praktisch simultan über den gesamten Umfang bestrahlt wird. Ein vergleichbarer Aufbau zum Umschmelzen von Nockenwellen bzw. zum Härten von Kurbelwellen wurde bereits in /57/ vorgestellt.

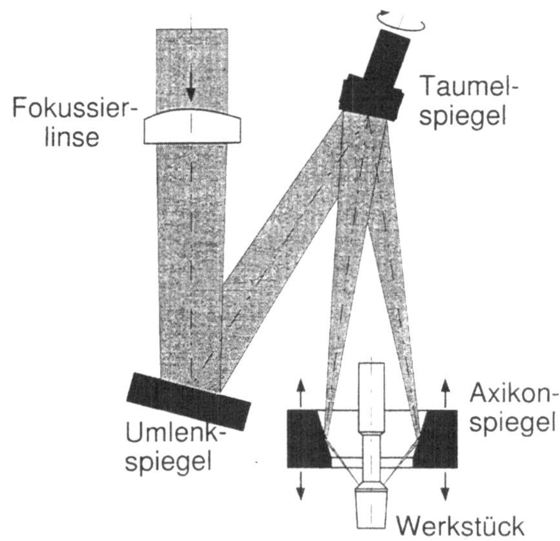

Bild 3.5:   Sonderoptik zum quasi-gleichzeitigen Härten einer Umfangskontur /56, 57/.

3.1.2.2   Variable optische Systeme

Adaptive Optik. Eine Weiterentwicklung der statischen abbildenden Systeme stellen die sogenannten adaptiven Spiegel dar. Deren optisch wirksame Fläche kann durch geeignete Stellelemente dynamisch, auch während des Prozesses, verändert werden /58, 59/. Auf diese Weise ist neben einer örtlichen auch eine zeitliche Änderung der Intensitätsverteilung auf dem Werkstück zu erzielen. Nachteilig an diesem Konzept sind die hohen Anschaffungskosten für ein hochflexibles kommerzielles System mit beispielsweise 19 Piezoaktuatoren. Dort stellt sich auch die Kühlung dieser Aktuatoren innerhalb der Optik als ein nicht unerhebliches Problem dar.

Oszillator. Bei Oszillatoroptiken, die aus ein oder zwei Galvanometerscannern /60, 61, 62/ bestehen können, erfolgt die Strahlformung, indem ein fokussierter Laserstrahl mit Planspiegeln sehr schnell über das Werkstück gescannt wird (Bild 3.6). Je nach Bewegungsgesetz kann in dem bestrahlten Fleck im zeitlichen Mittel ein nahezu beliebiges Intensitätsprofil eingestellt werden. Dies ist allerdings nur dann sinnvoll, wenn die Dynamik dieser Überlagerung größer ist, als die thermische Umwandlungsträgheit des Werkstoffs.

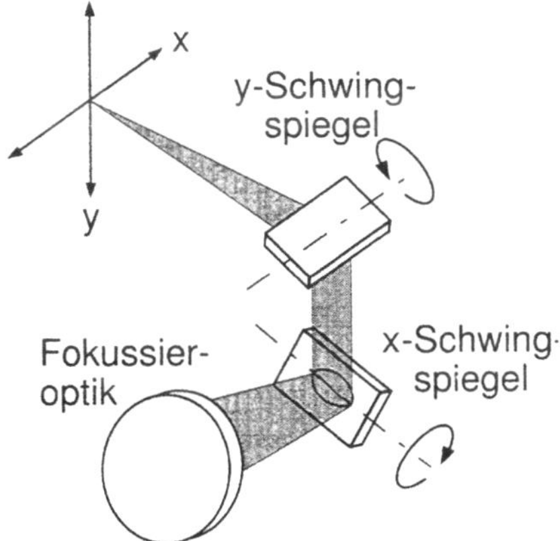

Bild 3.6:   Prinzipieller Aufbau eines zweidimensionalen Oszillatorsystems.

Da bei der Laseroberflächenbehandlung relativ hohe Leistungsbeträge benötigt werden, sind die freien Aperturen in den Optiken ausreichend groß zu wählen, um die Belastung der optischen Elemente nicht zu groß werden zu lassen. Aus diesem Grund werden verhältnismäßig große Scannerspiegel benötigt. Mit zunehmender Größe der bewegten Planspiegel nimmt natürlich die Dynamik des Gesamtsystems ab. In den Umkehrpunkten der Bewegungen ergibt sich auf diese Weise eine erhöhte Verweildauer des Strahls, die an solchen ausgezeichneten Stellen zu einem vermehrten Energieeintrag in das Bauteil führt und in erheblichem Maße die Gefahr des Anschmelzens steigert. Solche Intensitätsspitzen in den Umkehrpunkten können effektiv durch eine gekoppelte, ortsabhängige Laserleistungssteuerung unterdrückt werden /30/. Neue Arbeiten mit dynamischeren Oszillatorsystemen lassen erwarten, daß durch eine verbesserte Weg-Zeit-Steuerung der Spiegel die lokale Leistungsreduktion des Lasers nicht mehr in diesem hohen Maße notwendig ist, so daß das Leistungspotential der Strahlquelle besser als bisher für die Bearbeitung genutzt werden kann.

Strahlkombinationsoptik. Der Einsatz von mehreren Laserstrahlen für die Oberflächenbehandlung weist Vorteile gegenüber Prozessen auf, die lediglich mit einem Einzelstrahl durchgeführt werden. Als Ansatzpunkte für den Einsatz der Mehrstrahltechnik können gelten:

- Erhöhung der verfügbaren Laserleistung durch Nutzung mehrerer Strahlquellen.

- Flexibilität bei der Einstellung der effektiven, gemeinsamen Intensitätsverteilung.

Die einfachste Form der Strahlkombination ist die Überlagerung der Strahlen zweier Strahlquellen. Für CO_2-Laser wurde hierzu eine aufwendige, allerdings sehr flexible Kombinationsoptik aufgebaut, wie sie beispielsweise in /63/ beschrieben ist. Mit dieser Zweistrahltechnik ließen sich nicht nur beim Schweißen, sondern auch in der Oberflächentechnik beeindruckende Effizienzgewinne erzielen /64, 65/.

3.2   Prozeßüberwachung und -kontrolle

Für die Gewährleistung gleichbleibender Qualität ist eine Prozeßkontrolle äußerst hilfreich und bei komplexeren Bearbeitungsaufgaben sogar unabdingbar. Durch eine Prozeßkontrolle können auch die Verfahrensentwicklung beschleunigt und die Fertigungssicherheit gesteigert werden. Zur Beurteilung des endgültigen Bearbeitungsergebnisses existieren zerstörungsfreie Verfahren, die auf der Basis veränderter elektrischer oder magnetischer Eigenschaften des umgewandelten Gefüges dessen Dimensionen bestimmen können (z.B. /66/). Diese Methoden sind jedoch für eine Prozeßregelung nicht geeignet, da die Messung der Umwandlungszone erst einige Millimeter hinter der Bearbeitungsstelle stattfinden kann. Alle Systeme hingegen, die zur On-line-Prozeßkontrolle des Laserstrahlhärtens eingesetzt werden sollen, müssen die charakteristischen Kenngrößen in der Bearbeitungszone selbst aufnehmen, um ohne Zeitverzögerung auf Schwankungen des Prozesses reagieren zu können.

Aufgrund des ursächlichen Zusammenhangs zwischen der Oberflächentemperatur an der Bearbeitungsstelle und den daraus resultierenden Umwandlungsvorgängen im Werkstückinnern bietet es sich an, die Oberflächentemperatur als Regelgröße in einem Regelkreis zu verwenden. Dies umso mehr, als das Laserstrahlhärten ein diffusionsgesteuerter Kurzzeitprozeß ist, und es sich deshalb empfiehlt, für eine homogene Austenitisierung des Werkstoffs möglichst hohe Oberflächentemperaturen zu erzeugen. Beim Härten mit dem Laser ist deshalb eine Kontrolle der Werkstückoberflächentemperatur von großer Bedeutung; besonders dann, wenn Anschmelzungen der Oberfläche vermieden werden müssen, aber dennoch eine hohe Prozeßeffizienz erreicht werden soll.

Als Stellgröße wird wegen der großen Dynamik fast immer die Laserleistung gewählt. Die Erfassung der Temperatur erfolgt üblicherweise berührungslos auf photothermischem Wege. Als Meßmittel kommen dabei meist Pyrometer in unterschiedlicher Ausführung zum Einsatz. Ein geschlossener Regelkreis zur Temperaturkontrolle (Bild 3.7) besteht somit aus einem schnellen Temperatursensor für die Messung der aktuellen Oberflächentemperatur (Regelgröße), einem Sollwertgeber für die Führungsgröße sowie einem Regler für den Soll-/Istwert-Vergleich samt dazugehöriger Ausgabe der Signale für die Laserleistungssteuerung (Stellgröße).

Nachdem die Laserbearbeitung selbst kraftfrei erfolgt, bietet es sich an, die Temperaturmessung für die Prozeßkontrolle ebenfalls berührungslos durchzuführen; dies umso mehr, als die Bearbeitungsstelle als kritischer, zu beobachtender Ort in der Regel am Werkstück nicht statio-

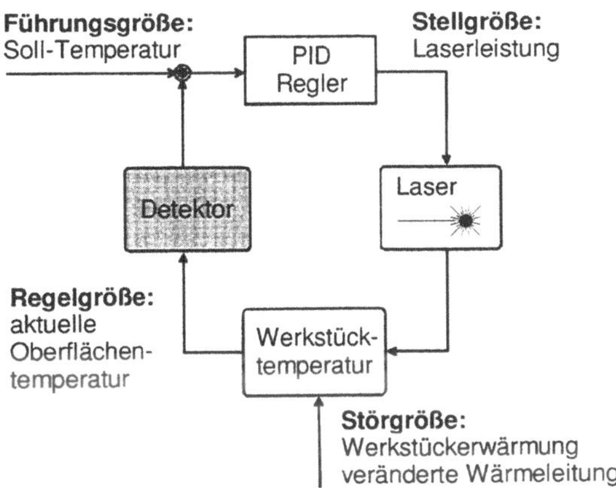

Bild 3.7:   Schema eines typischen Regelkreises zum Laserstrahlhärten.

när ist. Ein verbreitetes Verfahren zur berührungslosen Temperaturmessung - besonders auch bei den hier auftretenden Temperaturen - stellt die Strahlungsthermometrie dar. Dabei wird die Wärmestrahlung von einem Detektor empfangen und entsprechend den Gesetzmäßigkeiten von Schwarzem und Grauem Strahler in ein Temperatursignal umgewertet (z.B. /67/).

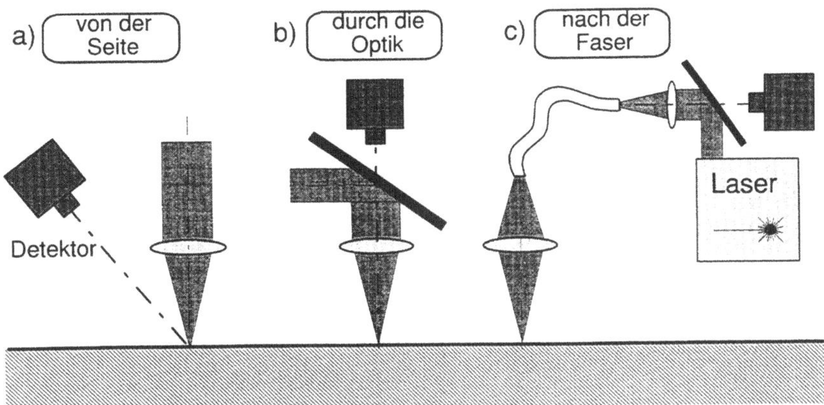

Bild 3.8:   Mögliche Anordnungen der berührungslosen Temperaturmessung.

Unterschieden werden kann bei den Detektoren in schnelle Einzeldetektoren und in komplexere Detektorarrays. Einzeldetektoren, wie Spektral- (Einfarben-) und in gewissem Grad auch Quotientenpyrometer, ermitteln die Temperatur an einem einzigen diskreten Punkt. Detektorarrays hingegen können zum Teil mit Hilfe von Scannerspiegeln eine zweidimensionale Temperaturverteilung an der Oberfläche registrieren; daher ist hier auch die Bezeichnung Thermographie üblich. Aufgrund der größeren erforderlichen Datenmenge sind thermographische Systeme allerdings deutlich langsamer als Pyrometer und eignen sich deshalb nicht für einen Einsatz in einem schnellen Prozeßregelkreis.

Die Temperaturdetektoren werden meist seitlich neben der Bearbeitungsoptik angebracht und direkt auf die Bearbeitungsstelle gerichtet (Bild 3.8, a). Durch Umlenkspiegel mit Meßöffnung oder solchen mit geeigneten Reflexions- und Transmissionseigenschaften - besonders einfach möglich bei Nd:YAG-Lasern - kann der Meßstrahl durch die Bearbeitungsoptik kolinear zum Leistungsstrahl ausgerichtet werden, was die Zugänglichkeit zur Meßstelle deutlich verbessert (Bild 3.8, b). Wie in /54/ gezeigt, kann die Temperaturdetektion ebenfalls direkt am Laser, hinter der Glasfaser erfolgen (Bild 3.8, c).

3.3   Industrielle Anwendungen des Laserstrahlhärtens

Besonders in den siebziger und Anfang der achtziger Jahre finden sich zahlreiche Veröffentlichungen über das Randschichthärten mit Laserstrahl. In einer Vielzahl von Artikeln wird über die technologische Eignung und die erfolgreiche Einführung des Laserstrahlhärtens in die Serienproduktion berichtet. Insbesondere sind eine große Zahl von Anwendungen aus dem Aggregate- und Werkzeugbau, aber auch aus dem Automobilsektor bekannt. Dabei wird immer auch die hohe Verfügbarkeit der Anlagen sowie die gute Automatisierbarkeit der Lasertechnik betont.

Die erste industrielle Serienanwendung des Laserumwandlungshärtens erfolgte bei der Saginaw Steering Gear, einer Tochtergesellschaft von General Motors. Seit 1971 werden dort Gehäuse für Servolenkungen laserstrahlgehärtet. Mittlerweile bearbeiten 15 CO_2-Laser rund 30.000 Teile pro Tag /68, 69/. Bei einer weiteren Tochtergesellschaft von General Motors, Electro Motive, werden ebenfalls seit 1971 Zylinderlaufbuchsen für Großdieselmotoren von Schiffen, Lokomotiven und Kraftwerksanlagen gehärtet. Die Verfügbarkeit dieser Produktionslinie liegt bei 80 % /70, 71/.

Die erste europäische Einführung des Laserstrahlhärtens in die Produktion erfolgte bei MAN mit der Härtung von Zylinderlaufbuchsen für Schiffsdieselmotoren, unter anderem für die Queen Elisabeth II /72, 73/. Bei derselben Firma werden auch Tiefzieh- und Schneidwerkzeuge partiell laserstrahlgehärtet /74, 75, 76/.

Erfolgreiche Produktionstests wurden von Bosch beim Härten von Anschlagschrauben durchgeführt. Nachdem die reproduzierbare Auftragung der absorptionserhöhenden Beschichtung gewährleistet war, wurden mehrere Zehntausend Schrauben zuverlässig gehärtet /77/. Bei derselben Firma werden weitere Motorenteile in der Massenfertigung gehärtet. Dabei wird das Härten von innenliegenden Flächen, Nuten und Federauflageflächen mittels einer Temperaturregelung ausgeführt /78, 79, 80/.

Bei Stiefelmayer werden die Führungsbahnen von großen Ständermeßmaschinen lasergehärtet, so daß aufgrund des geringeren Bauteilverzuges eine drastische Reduktion des anschließenden Richtaufwandes sowie des Ausschusses im Vergleich zum Induktivhärten erzielt werden konnten /81, 82/.

Neben diesen Serienanwendungen des Laserstrahlhärtens wird häufig von weiteren Bearbeitungen berichtet, über deren Serieneinführung jedoch nichts bekannt ist. Hierzu zählt beispielsweise die Wärmebehandlung von Nutengeometrien /83, 84, 85/, Führungen von Einspannvorrichtungen /86/, Dampfturbinenschaufeln /87, 88, 89/, rotierenden und gleitenden Gebläsebauteilen /21/ sowie Anwendungen im Bereich von Schneidwerkzeugen /90, 91/ und Führungsgeometrien /92/.

Ein Beispiel für eine chinesische Laseranwendung in der Oberflächentechnik ist in /93/ vorgestellt: In der Lokomotivfabrik von Dalian werden zur Verschleißverminderung die zentralen Federblätter von elastischen Federkupplungen für Dieselantriebe erfolgreich gehärtet. Die Standzeit wurde gegenüber nitrierten Blattfedern ursprünglicher Bauweise um den Faktor zehn erhöht.

Obwohl der Automobilindustrie eine Vorreiterrolle bei der Einführung des Laserschneidens und -schweißens in die industrielle Fertigung zuzurechnen ist, wird von dort bisher nur über wenige Serienanwendungen in der Oberflächenbehandlung berichtet /94/. Bei Mercedes-Benz wurde nachgewiesen, daß der Kugelsitz eines Hydraulikbauteils erfolgreich mit dem Laser gehärtet werden kann /23/, während bei FIAT Machbarkeitsstudien über das Härten von Ventilsitzen, Schaltgestängen, Kurbel- und Nockenwellen sowie Zahnstangen durchgeführt wurden /55, 95, 96/. In /97, 98, 99/ werden weitere Anstrengungen zur Einführung von Härteanwendungen in der Britischen Automobilindustrie vorgestellt.

Die merkliche Abnahme der Veröffentlichungen zum Ende der achtziger und Anfang der neunziger Jahre läßt darauf schließen, daß sich die Euphorie der Anfangszeit etwas gelegt hat und das Laserstrahlhärten derzeit immer noch als Nischentechnologie betrachtet wird. Dennoch finden sich immer wieder Berichte, die den Einsatz des Lasers zwar weniger in der (Groß-) Serie beschreiben, sondern eher die Bearbeitung kleinerer Chargen im Job-Shop-Bereich.

3.4 Bisherige Ansätze zur Modellbildung

Die numerische Modellierung des martensitischen Härtens mittels Laser war bereits Gegenstand verschiedener früherer Untersuchungen. Im folgenden soll eine Übersicht über einige bekanntere Beiträge gegeben und die vorliegende Arbeit in dieses Umfeld eingeordnet werden.

Wie bereits festgestellt, basieren sämtliche in einem Werkstoff ablaufenden Umwandlungsvorgänge auf den im Werkstück herrschenden Temperaturen und Temperaturverläufen. Deshalb ist in einem theoretischen Modell des martensitischen Umwandlungshärtens immer die Lösung der Wärmeleitungsgleichungen erforderlich. Viele grundlegende Ansätze zu analytischen Lösungsverfahren sind bereits in /31/ veröffentlicht. Aufbauend auf diesem Grundlagenwerk und auf den Arbeiten von /100, 101/ wurde im einfachsten Fall zunächst mit einem analytischen Ansatz für die eindimensionale Wärmeleitung in einem halbunendlichen Körper und mit einem bewegten Gaußstrahl als Wärmequelle der Temperaturverlauf in der Spurmitte berechnet. Die Einhärtungstiefe wurde daraus als Eindringtiefe der Ac_1-Isotherme bestimmt. Als Zahlenwert für die Ac_1-Temperatur wurde in /27/ 723 °C angenommen, während in /102/ aufgrund der auftretenden hohen Aufheizgeschwindigkeiten aus /74/ ein „korrigiertes" $Ac_1 = f(dT/dt)$ mit 800 °C übernommen wurde. Grundsätzliche Zusammenhänge lassen sich mit Hilfe dieser analytischen Näherungslösungen recht einfach und schnell berechnen. Die Wärmeleitungsgleichung läßt sich jedoch für mehrdimensionale Situationen, wie sie beispielsweise bei der

Modellierung komplexerer Bauteilgeometrien auftreten, nicht mehr analytisch lösen. In diesem Fall muß eine numerische Näherungslösung erfolgen.

Die Bestimmung der Einhärtungstiefe wird auch bei den meisten Wärmeleitungsmodellen auf der Basis der Finiten-Differenzen /24, 41, 103, 104/ über die Lage einer Grenzisothermen durchgeführt. Die aus den Rechnungen gewonnenen Aufheizgeschwindigkeiten ermöglichen dabei in Anlehnung an den ZTA-Zusammenhang die Bestimmung einer zugehörigen Austenitisierungstemperatur (Ac_1), die als Grenzisotherme festgelegt wird. Wie in /105/ gezeigt, variiert diese Grenzisotherme jedoch auch mit der erreichten Einhärtungstiefe, so daß die Bestimmung der Einhärtungstiefe über den Verlauf einer Isothermen allenfalls als Näherung gelten kann.

Mit der Zielsetzung, möglichst allgemeingültige Ergebnisse zu erzielen, sind in /102/ und besonders in /5, 33, 34, 106/ Ansätze vorgestellt, wie auch für andere Strahlfleckgeometrien normierte Bearbeitungsparameter bei der Berechnung der Wärmeleitungsprobleme eingesetzt werden können.

In /32, 33, 34/ wird zudem festgestellt, daß die maximale Effizienz des Härteprozesses dann erreicht sei, wenn unter den vorgegebenen Randbedingungen der maximale Energiebetrag in das Werkstück eingekoppelt wird. Direkte Folge aus diesem maximalen Energieeintrag ist, daß alle bestrahlten Oberflächenelemente die gleiche, nämlich die maximal zulässige Temperatur annehmen. Diese partiell isotherme Bearbeitung ist nur durch eine spezielle Formung der eingebrachten Energieverteilung zu erreichen (siehe auch Abschnitt 2.3). Während in /33, 34/ lediglich der Leistungsverlauf in der Spurmitte betrachtet wird, schlägt /32/ ein spezielles Intensitätsprofil für effizientes Vorschubhärten vor, bei dem auch die lateralen Wärmeleitungsverluste durch eine entsprechend überhöhte Intensitätsverteilung ausgeglichen werden.

Ein weiteres Modell konzentriert sich auf die Optimierung der technologischen Parameter des Härtungsvorgangs /30/. Schwerpunkte bilden dabei die Strahlformung durch geeignete Optiken, die Relativbewegung zwischen Laserstrahl und Werkstück sowie die Energieübertragung auf das Material durch Absorption. Dabei werden die Wärmeleitungsvorgänge im halbunendlichen Körper aufgrund der lokalen Energiezufuhr berechnet. Mit den erhaltenen Temperaturverläufen wird für jeden Punkt eines strahlnahen Querschnitts eine erreichbare Kohlenstoffdiffusionsstrecke berechnet (analog /32/). Läßt der Vergleich mit einer vorzugebenden Mindestdiffusionslänge die Bildung von Austenit mit homogen verteiltem Kohlenstoff erwarten, so wird, je nach Abkühlgeschwindigkeit, die Bildung von 0 %, 50 % oder 100 % Martensit angenommen und damit die zu erwartende Härtungszone abgeschätzt. Aussagen über Härtewerte werden nicht gemacht; die charakteristischen Temperaturen und die kritische Abkühlgeschwindigkeit werden als konstant betrachtet. Gebiete mit nicht homogen verteiltem Kohlenstoff, wie sie insbesondere bei grobkörnigem Gefüge verstärkt auftreten, werden als überhaupt nicht gehärtet angenommen.

Eine eingehende Betrachtung der Diffusionsvorgänge beim Laserhärten liefern /107, 108/, aufbauend auf /7/ (dort insbesondere untereutektoide Stähle). Als Grundlage für die Berechnungen dienen dort typische Temperaturzyklen für verschiedene oberflächenparallele Schichten einer Platte unendlicher Ausdehnung (nur nach oben und unten begrenzt). In einem repräsentativen Querschliff wird, ausgehend von einem realen, über Bildverarbeitung digitalisierten

Gefügebild, die Diffusion des Kohlenstoffs aufgrund der Temperaturbeaufschlagung simuliert. Zur Ermittlung der charakteristischen Größen für die Umwandlung wird der lokale Gehalt an Legierungselementen berücksichtigt. Mit der resultierenden Kohlenstoffverteilung werden die verschiedenen Bereiche des Gefüges als ferritisch, perlitisch (bzw. bainitisch) oder martensitisch eingestuft. Durch manuelle Auswertung des resultierenden Gefügebildes wird der Härteverlauf senkrecht zur Oberfläche ermittelt.

Bislang fehlt jedoch ein fertigungsgerechter Ansatz, der ausgehend von realen Bauteilgeometrien und -gefügen unter Berücksichtigung der tatsächlichen Wandstärken und Masseverteilung automatisiert eine Aussage zur lokalen Härteverteilung nach einer Laserbehandlung liefert. Ebenso ist bisher in den wenigsten Modellen mit realen Intensitätsverteilungen gerechnet worden, sondern fast ausschließlich mit stark vereinfachten Strahlprofilen, wie dem Gauss-Profil oder einem rechteckigen, gleichförmigen Profil. In den folgenden Abschnitten wird jedoch der große Einfluß der Intensitätsverteilung auf das Härteergebnis dargestellt, so daß sich daraus die Notwendigkeit ergibt, in Simulationsrechnungen reale Strahlprofile zu berücksichtigen. Mit einem solchen Modell kann dann auch das für die jeweilige Bearbeitungsaufgabe geeignetste Profil ermittelt werden.

4 Neue Strahlformungssysteme

In den vorangegangenen Abschnitten ist dargelegt worden, weshalb eine Härtung von der Art der eingesetzten Intensitätsverteilung und damit von der Art der Strahlformungsoptik abhängt. Um den Einfluß der Rohstrahlverteilung der Strahlquelle als gerätespezifischen Einflußfaktor zu eliminieren, muß der Strahl mit Hilfe eines optischen Systems derart „umgebaut" werden, daß unabhängig von der Eingangsverteilung die resultierende Intensitätsverteilung den geforderten Spezifikationen der jeweiligen Bearbeitung entspricht. In diesem Kapitel werden nun Ansätze vorgestellt, wie mit zum Teil äußerst einfachen optischen Mitteln eine Anpassung der Strahlform und -intensität an die Bearbeitungsaufgabe erfolgen kann. In einigen Fällen können auch weitergehende konstruktive Ansätze für die Umsetzung der jeweiligen Strahlformungskonzepte präsentiert werden.

4.1 Beurteilungskriterien

Für die Beurteilung der untersuchten Strahlformungssysteme ist es erforderlich, diese anhand von objektiven Kriterien zu charakterisieren. Im Rahmen dieser Arbeit wurden dazu im wesentlichen zwei Kriterien herangezogen:

- Intensitätsverteilung und

- Härteergebnis.

Dabei konnten mit Hilfe von geeigneten Strahlanalysevorrichtungen die Strahlformungseigenschaften der untersuchten optischen Elemente ermittelt werden. Welchen Einfluß diese charakteristischen Strahlprofile auf den Bearbeitungsprozeß hatten, zeigt die Auswertung der durchgeführten Härteexperimente.

4.1.1 Strahlanalyse zur Charakterisierung der Systeme

Für die Ermittlung der Intensitätsverteilung im Laserstrahl standen unterschiedliche Möglichkeiten zur Verfügung:

- Bildverarbeitung,

- rotierende Hohlnadel und

- Einbrand in Plexiglas.

Die aufgeführten Meßverfahren unterscheiden sich im wesentlichen hinsichtlich ihrer Eignung zum Einsatz im Leistungsstrahl und zur Detektion unterschiedlicher Wellenlängen.

Bildverarbeitung. Bei diesem Meßsystem wird der Laserstrahl auf ein CCD-Array mit 512 x 512 Bildpunkten abgebildet, das das Intensitätsprofil des Strahls in eine Helligkeitsverteilung umwertet. Über geeignete Strahlteiler oder/und -abschwächer ist dabei sicherzustellen, daß der Detektor nicht überstrahlt wird. Mit einer anschließenden computerunterstützten Auswertung dieser Verteilung kann die Intensitätsverteilung im Strahl ausgemessen werden. Da CCD-Chips nur eine Lichtempfindlichkeit bis in den nahen IR-Bereich besitzen, kann dieses Meßverfahren nicht beim CO_2-Laser eingesetzt werden. In der vorliegenden Arbeit wurde dieses Meßverfahren daher ausschließlich in Kombination mit einem HeNe-Laser eingesetzt.

Rotierende Hohlnadel. Dieses Meßinstrument verwendet eine Hohlnadel, die durch den Leistungsstrahl rotiert (Bild 4.1). Durch eine kleine Lochblende tritt Strahlung ein und wird über

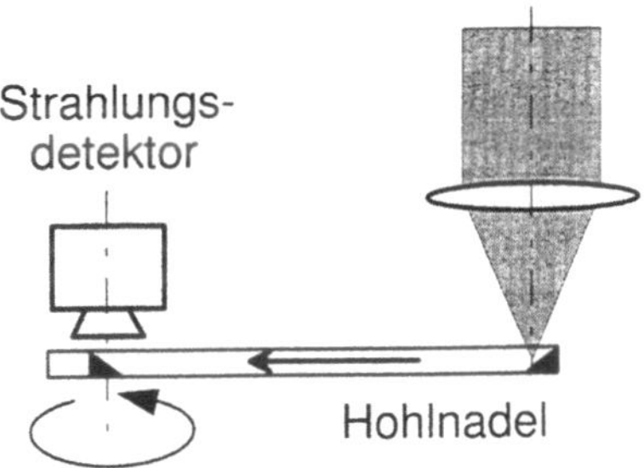

Bild 4.1   Analyse eines Leistungsstrahls mittels einer rotierenden Hohlnadel /110/.

zwei spiegelnde Schrägflächen auf einen Detektor gelenkt, der in der Drehachse der Nadel angeordnet ist. Durch Verschieben der Drehachse kann der ganze Strahl abgetastet werden. Die Auflösung des quadratischen Meßfensters beträgt 81 x 41 Meßpunkte. Die Wahl der Lochblende (15 - 500 μm) steuert dabei die Lichtmenge, die auf den Detektor fällt. In Abhängigkeit von den Strahlabmessungen sind somit Strahlen bis in den Multikilowattbereich analysierbar. Durch Austausch des Detektors können alternativ die Strahlen von CO_2-Lasern oder Nd:YAG-Lasern vermessen werden.

Einbrand in Plexiglas. Ausschließlich zur Analyse von CO_2-Laserstrahlen eignet sich Plexiglas. Aufgrund der guten Absorptionseigenschaften dieses Materials für die CO_2-Wellenlänge erfolgt beim Auftreffen der Strahlung lokale Verdampfung und lokales Verbrennen. Nach einer gewissen Bestrahlzeit hat sich die Intensitätsverteilung des Laserstrahls als Vertiefung im Plexiglas abgebildet. Dieses Verfahren hat eine sehr gute integrierende Wirkung, so daß es sich beispielsweise hervorragend dazu eignet, das zeitlich gemittelte Intensitätsprofil eines Oszillatorsystems wiederzugeben (Bild 4.2).

4.1.2   Beurteilung der Härteergebnisse

Die vorgestellten Strahlformungssysteme wurden durch Härteexperimente erprobt. Die Härtungen wurden dabei meist mit Vorschub - in Einzelfällen allerdings auch als Standhärtungen ohne Vorschub - durchgeführt. Es wurde generell kein Schutzgas eingesetzt; eine absorbtionserhöhende Beschichtung mit Sprühgraphit erfolgte ausschließlich bei den Experimenten mit dem CO_2-Laser. Die ausgeführte *Prozeßstrategie* war in allen Fällen identisch: Bei der durch die Strahlformung vorgegebenen Intensitätsverteilung und der vorgegebenen Vorschubge-

Bild 4.2   Gemitteltes Intensitätsprofil einer Scanneroptik, mit einem Plexiglaseinbrand
                sichtbar gemacht.

schwindigkeit bzw. Wechselwirkungszeit wurde die Laserleistung derart variiert, daß die
Oberflächentemperatur an der Bearbeitungsstelle maximiert, die Schmelztemperatur des verwendeten Werkstoffes jedoch nicht überschritten wurde. Bei den grundlegenden Experimenten
dieses Kapitels wurde die Oberflächentemperatur über visuelles Erkennen von Anschmelzungen bestimmt. Die maximale Oberflächentemperatur war somit bei allen Härteproben annä-
hernd gleich.

Wird eindimensionale Wärmeleitung vorausgesetzt, so kann bereits mit Gleichung 2.6 auf
Seite 21 ein einfacher Zusammenhang zwischen der Oberflächentemperatur, der eingekoppelten Laserstrahlintensität und der Wechselwirkungszeit hergestellt werden. Unter der Voraussetzung, daß die Werkstoffkennwerte, die Oberflächentemperatur und die
Einkoppelbedingungen konstant (η_A = const.) waren, so läßt sich Gleichung 2.6 umformen
und vereinfachen zu

$$I = const. \cdot \frac{1}{\sqrt{t}} \ . \tag{4.1}$$

In einem doppelt logarithmischen Schaubild ergibt Gleichung 4.1 eine Gerade. Über diesen
allgemeinen Zusammenhang läßt sich beurteilen, ob im Rahmen einer Versuchsreihe die
Anschmelzgrenze immer korrekt ermittelt wurde, wenn davon ausgegangen werden kann, daß
die Bedingungen für alle Experimente gleich waren. Im Vergleich unterschiedlicher Strahlformungssysteme kann die Betrachtung von eingestrahlter Intensität und Wechselwirkungszeit
auch zur Beurteilung der charakteristischen Strahlformeigenschaften herangezogen werden.

Die Auswertung der Härteergebnisse erfolgte zerstörend am metallographischen Schliff.
Durch Ätzen mit einer 2 - 3%igen alkoholischen Salpetersäurelösung (Nital) wurde die umge-

wandelte Zone sichtbar gemacht. Das Ausmessen der Umwandlungszone unter dem Mikroskop ergibt die *Spurbreite* und die *Spurtiefe*. Die *Fläche* der umgewandelten Zone wurde über die Digitalisierung des Schliffbildes gewonnen. Eine weitere charakteristische Größe des Härteprozesses ist das *umgewandelte Volumen pro Zeit*, das das Produkt aus Spurfläche und Vorschubgeschwindigkeit darstellt. Ein Maß für die Effizienz des Prozesses ist die *spezifische Umwandlungsenergie* E_U, die das Verhältnis aus der eingesetzten Laserleistung und dem umgewandelten Volumen pro Zeiteinheit repräsentiert. Je geringer die aufzuwendende Energie für die Umwandlung eines Volumenelementes des Werkstoffs ist, desto effizienter ist der Prozeß. Aus dieser charakteristischen Größe läßt sich auch ein *Prozeßwirkungsgrad* η_P ableiten:

$$\eta_P = \frac{\text{umgesetzte Laserleistung}}{\text{eingestrahlte Laserleistung}} = \frac{E_{XY}}{E_U} \; . \tag{4.2}$$

Die charakteristische Umwandlungsenergie E_{XY} ist dabei eine werkstoffspezifische Größe, die den Energiebedarf zur Werkstofferwärmung von der Umgebungs- bis zur Umwandlungstemperatur wiedergibt. Für den Stahl C45 ergibt sich die gemittelte Umwandlungstemperatur als arithmetisches Mittel aus 723 °C (Ac_3-Temperatur) und 1450 °C (maximale Oberflächentemperatur = Schmelztemperatur) mit rund 1090 °C. Die charakteristische Umwandlungsenergie E_{C45} für den Werkstoff C45 berechnet sich dann wie folgt:

$$E_{C45} = \rho \cdot c_P \cdot \Delta T \tag{4.3}$$

$$= 7,85 \cdot 10^{-3} \frac{\text{g}}{\text{mm}^3} \cdot 0,707 \frac{\text{J}}{\text{g} \cdot \text{K}} \cdot 1070 \text{ K} = 6,05 \frac{\text{J}}{\text{mm}^3} \; .$$

Wird diese Werkstoffkonstante durch die experimentell ermittelten Werte für die spezifische Umwandlungsenergie geteilt, so erhält man direkt einen Zahlenwert für den Prozeßwirkungsgrad.

An ausgewählten Härtespuren wurde auch die *Einhärtungstiefe* nach DIN 50190 T2 /3/ ermittelt. Als Grenzhärte wurde der Härtewert von 550 HV festgelegt. Die Härtebestimmung erfolgte dabei in Anlehnung an die Härtemessung nach Vickers durch Messung der Eindringtiefe eines pyramidenförmigen Prüfkörpers und anschließende Umwertung in Vickers-Härtewerte.

4.2 Strahlformungssysteme mit determinierten optischen Systemen

Zunächst soll auf Strahlformungssysteme eingegangen werden, die im wesentlichen auf einem einzelnen optischen Element basieren. Außerdem werden bis auf eine Ausnahme (Hologramm, Abschnitt 4.2.1.6) ausschließlich transmissive Glasoptiken betrachtet. Als Resultat der Strahlformung erhält man jeweils eine Intensitätsverteilung, die charakteristisch für das eingesetzte Strahlformungselement ist. Mit der Wahl des optischen Elements ist dabei das resultierende Strahlprofil festgelegt.

4.2.1   Optische Einzelelemente zur Strahlformung

4.2.1.1   Einzelfaser

In einem ersten Ansatz sollten die weiter oben beschriebenen homogenisierenden Eigenschaften einer Glasfaser mit stufenförmigem Brechnungsindexprofil für eine Härtebearbeitung genutzt werden. Zur Ermittlung der Strahlcharakteristik direkt hinter einer Stufenindexfaser wurde ohne eine weitere Bearbeitungsoptik eine Strahlanalyse im Freistrahl durchgeführt. Eingesetzt wurde eine Glasfaser mit einem Kerndurchmesser von 1 mm bei einer Laserleistung von 1,5 kW.

Die ermittelten Strahlradien sind in Bild 4.3 dargestellt. Ebenso sind exemplarische Intensitätsprofile abgebildet. Insbesondere im Schattenwurf ist zu erkennen, daß die Strahlprofile über den gesamten vermessenen Bereich eine spitze, fast kegelförmige Struktur aufweisen. Diese Profilstruktur bestimmt das zu erwartende Härteergebnis. Es zeigt sich also, daß die homogene Intensitätsverteilung, wie sie am Austritt der Faser vorliegt, ohne weitere Maßnahmen nicht für den Härteprozeß nutzbar ist.

Die Ausgleichsgerade durch die Meßpunkte ergibt für die Strahldivergenz einen Wert von 70 mrad und schneidet die Ordinate bei 0,5 mm, dem Radius des Faserkerns. Am Austritt der Faser konnte also keine Strahlkaustik festgestellt werden, woraus geschlossen werden muß, daß die Phase des austretenden Strahlenbündels nicht eben, sondern gekrümmt ist. Es existiert demnach eine virtuelle Taille im Innern der Faser; und zwar dort, wo die Einhüllenden des Strahlenbündels die Strahlachse schneiden. Im vorliegenden Fall (Bild 4.3) liegt die virtuelle Taille 4,3 mm innerhalb der Faser. Für die Berechnung des Strahlparameterprodukts hingegen bleibt als kleinster frei propagierender Strahldurchmesser weiterhin der Faserkerndurchmesser relevant. Somit ergibt sich für das Strahlparameterprodukt nach der Faserübertragung ein Wert von 35 mm·mrad bzw. eine Strahlqualitätszahl von 0,01 /109/.

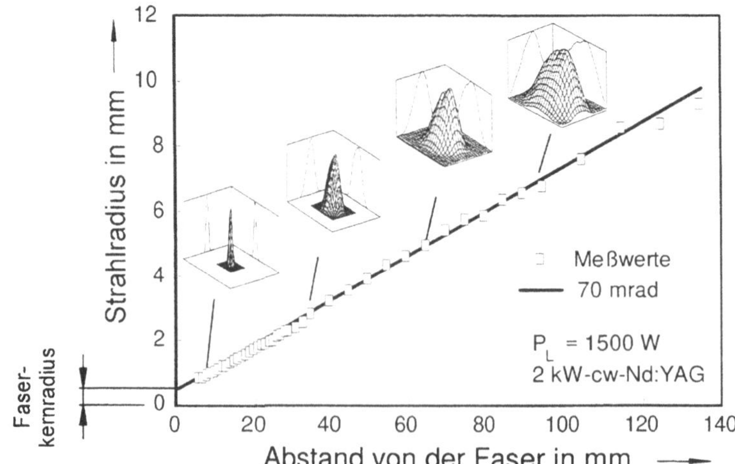

Bild 4.3   Radius und Intensitätsverteilung des Freistrahls nach Austritt aus einer 1-mm-Stufenindexfaser.

Mit dem frei propagierenden Strahl nach der Glasfaser können direkt - ohne weitere optische Elemente - Härtungen durchgeführt werden; somit besteht eine Einfachoptik für eine Oberflächenbearbeitung lediglich aus einem Schutzglas für die Glasfaser. Um die für das Laserstrahlhärten erforderlichen Intensitätswerte von mehreren 10^3 W/cm^2 zu gewährleisten, sind allerdings relativ geringe Arbeitsabstände einzuhalten, da der Strahldurchmesser mit zunehmendem Abstand deutlich größer wird. Dies beinhaltet jedoch die Gefahr, daß die Glasfaser im Prozeß beschädigt werden könnte.

4.2.1.2   Faserbündel / Faserstab

Werden mehrere Einzelfasern zu einem Bündel zusammengefaßt, so spricht man von einem (Multi-) Faserbündel. Ein solches Bündel hat ein sehr hohes Strahlformungspotential, da es Querschnittsveränderungen leicht ermöglicht (siehe Bild 4.4). Auf diese Weise ist die Anpassung der Strahlfleckgeometrie an die zu behandelnde Werkstückgeometrie in idealer Weise möglich. Bislang sind mit Multifaserbündeln jedoch erst Laserleistungen unter 100 W erfolgreich übertragbar /111/. Bei höheren Leistungen erfolgt immer eine Zerstörung des Faserbündels. Aus diesem Grund soll an dieser Stelle ein etwas modifizierter Ansatz vorgestellt werden.

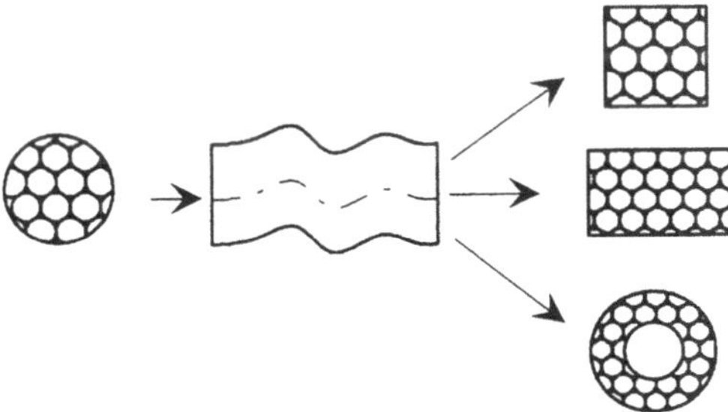

Bild 4.4   Querschnittsveränderung mit Multifaserbündeln.

Anstatt die vielen Einzelfasern wie im Multifaserbündel nur an den beiden Enden miteinander zu verbinden, wurden viele kurze Einzelfasern geordnet zu einem festen Stab mit einem Durchmesser von 7,4 mm verschmolzen. Die Verbindung erfolgte ausschließlich im Bereich des Claddings, so daß die lichtleitenden Faserkerne völlig unbeeinträchtigt blieben. Dieses rund 80 mm lange Bündel aus Einzelfasern mit einem Kerndurchmesser von 200 µm wird als Faserstab bezeichnet. Etwa 20 mm vor dem Stabende war der verwendete Faserstab um 60° aus der ursprünglichen Achse herausgebogen.

Aufgrund der geordneten Struktur der Einzelfasern erfolgt bei einer Strahlübertragung mit dem Faserstab de facto eine Bildübertragung mit dem Durchmesser der Einzelfasern als Rastermaß. Die Austrittsverteilung am Stabende entspricht also im wesentlichen der Eintrittsverteilung. Im weiteren Verlauf der Strahlpropagaton verliert sich diese Abbildungseigenschaft jedoch wieder, und es ergibt sich ein Strahlprofil, das aus der Überlagerung vieler Einzelstrahlquellen (den Einzelfasern) mit unterschiedlichen Strahlungsintensitäten resultiert. In der Summe entspricht diese Verteilung dann einem gaussähnlichen Profil, wie es auch bei der Einzelfaser gefunden wurde.

Mit dem hier vorgestellten Faserstab konnten bis zu 1 kW Laserleistung übertragen werden (gemessen am Austritt des Stabes). Dies entspricht laut Bild 4.5 einem Transmissionsgrad von 70 % und stimmt mit dem vom Hersteller für diesen Stabtyp angegebenen Wert überein. Ursache für den scheinbar geringen Transmissionsgrad sind im wesentlichen zwei Effekte, die solchen Faserbündeln prinzipiell immanent sind: Zum einen ist keine vollständige Überdeckung des Bündelquerschnitts durch die runden Einzelfasern möglich. Durch die - auch bei größtmöglicher Packungsdichte - zwangsläufig entstehenden Zwickel existieren im Bündel Bereiche, die nicht zur Lichtleitung beitragen können. Desweiteren wird bei der Einkopplung des Laserlichts in das Bündel immer auch das Cladding der Einzelfasern mit bestrahlt, wodurch ebenfalls systematische Verluste in der Lichtleitung auftreten.

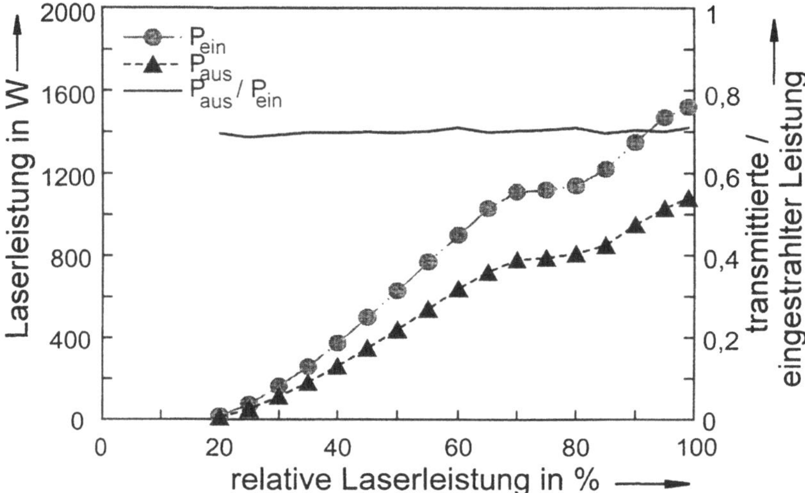

Bild 4.5   Verhältnis von transmittierter zu eingestrahlter Laserleistung bei Strahlübertragung mit einem Faserstab.

Der hohe Anteil von 30% der Laserleistung, der im Stab absorbiert wird, führt zu einer erheblichen Erwärmung des Faserstabes. Abgesehen von leichten Anschmelzungen am Rand der Einkoppelfäche bei einer einmaligen Fehlpositionierung von Strahl und Stab zueinander, konnten jedoch keinerlei Beschädigungen am Faserstab festgestellt werden. Dies ist umso bemerkenswerter, wenn man bedenkt, daß der Stab ohne Kühlung mehrfach über 30 s lang mit Maximalleistung bestrahlt wurde.

4.2.1.3   Kaleidoskop

Bislang ist in der Oberflächenbehandlung mit Festkörperlaser fast ausschließlich mit runden Strahlflecken gearbeitet worden. Dies hat zwar den Vorteil, daß Spurhärtungen richtungsunabhängig durchführbar sind; aber für eine idealere Härtespurgeometrie wären quadratische oder rechteckige Strahlfleckformen eigentlich günstiger. Durch die rechteckige Form wird bei Vorschubhärtungen die Energie quer zur Spur gleichmäßig eingebracht, so daß jedes bestrahlte

Oberflächenelement mit der gleichen Energiemenge beaufschlagt wird. Die Abweichung von einer idealen rechteckförmigen Spurgeometrie wird in diesem Fall nur noch durch Wärmeleit-vorgänge verursacht und nicht noch zusätzlich durch einen mittenbetonten Energieeintrag.

Beim CO_2-Laser, aber auch in Einzelfällen für den Nd:YAG-Laser, werden zur Strahlhomoge-nisierung und zur Transformation der Strahlfleckgeometrie Kaleidoskop-Optiken eingesetzt. Diese bestehen in der Regel aus verspiegelten, rechteckigen Hohlleitern und zeichnen sich besonders beim CO_2-Betrieb durch erhebliche Absorptionsverluste in der Größenordnung von 20% aus. Der integrierende und transformierende Mechanismus innerhalb des Kaleidoskops beruht auf der Vielfachreflexion und der daraus resultierenden Überlagerung vieler Einzel-strahlen mit unterschiedlichen Laufzeiten und Austrittswinkeln. Der Querschnitt des erzeugten homogenen Profils entspricht dabei dem Querschnitt des Kaleidokops. Wird ein runder Strahl in das Kaleidoskop eingekoppelt, findet also eine Querschnittswandlung des Strahls von rund nach rechteckig statt. Dieser Effekt kann für Nd:YAG-Laser auch durch ein massives, trans-mittierendes Kaleidoskop aus einem Glassubstrat erreicht werden. Dies hat den Vorteil, daß die Verluste durch die Vielfachreflexion zu vernachlässigen sind, da wie bei der Glasfaser-übertragung die Totalreflexion am Übergang vom optisch dichteren (Kaleidoskop) zum optisch dünneren (Umgebung) Medium praktisch verlustfrei ist.

Das verwendete Kaleidoskop hatte am Ende eine Schrägfläche von 45°. Mit dieser Schrägflä-che wurde unter Nutzung der internen Totalreflexion die Laserstrahlung bereits im Kaleido-skop um 90° umgelenkt, was bei der Zugänglichkeit von engen Öffnungen Vorteile verspricht. In Bild 4.6 sind ein Schema des verwendeten 40 mm langen transmittierenden Kaleidoskops (Kantenlänge 3 x 3 mm) mit integrierter Umlenkung zu sehen sowie zwei exemplarische Pro-file, wie sie in der Eintritts- und Austrittsebene des Kaleidoskops zu finden sind.

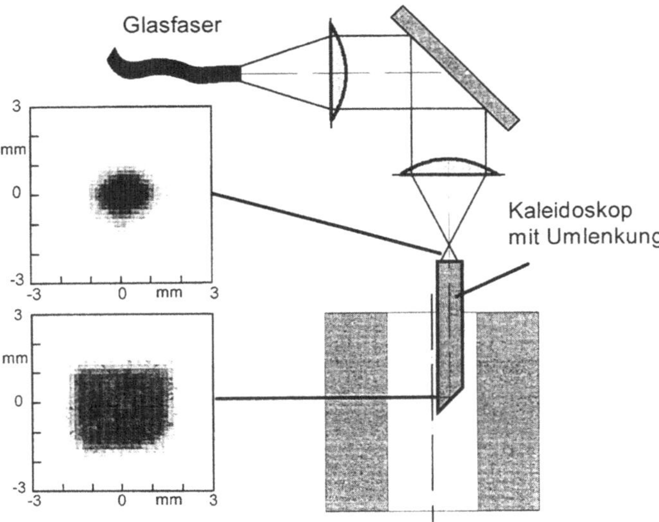

Bild 4.6   Schema des verwendeten Kaleidoskops mit beispielhaften Intensitätsverteilun-gen eines HeNe-Lasers am Ein- und Austritt.

Bei der Auslegung des Kaleidoskops und der Einkopplung ist allerdings darauf zu achten, daß mindestens drei Reflexionen im Kaleidoskop auftreten, da ansonsten die Homogenisierung nicht sicher gewährleistet ist. Nach dem Austritt aus dem Kaleidoskop nimmt die Homogenität des Intensitätsprofils mit zunehmendem Abstand jedoch ab, und es entwickelt sich wieder zu einer runden, gaußähnlichen Verteilung. Um das homogene Profil nutzen zu können, ist deshalb ein äußerst geringer Arbeitsabstand einzuhalten.

Mit dem beschriebenen Kaleidoskop wurden Härteexperimente mit Laserleistungen von 300 bis knapp 600 W durchgeführt. Die Kombination aus integrierender und umlenkender Funktion führte zum Auftreten von Leistungsanteilen, die nicht für die Bearbeitung nutzbar waren. So wurden etwa 5% der Leistung überhaupt nicht aus der Strahlachse abgelenkt sowie nur rund 15% der Laserleistung um einen Winkel von ca. 30° abgelenkt. Diese Strahlanteile beeinflußten die Härtungen jedoch nicht. Dennoch sollte bei einem zukünftigen Einsatz eines transmissiven Teleskops auf eine integrierte Umlenkung verzichtet werden.

4.2.1.4   Facettenintegrator

Eine weitere typische Integrationsoptik für die Laseroberflächenbehandlung ist der Facettenintegrator. Abgesehen von Ausnahmefällen (z.B. /54/) sind solche nahezu ausschließlich als Spiegel ausgeführten Optiken im Bereich der Nd:YAG-Anwendungen praktisch unbekannt. Das grundlegende Prinzip dieser Integratoren besteht darin, den "Rohstrahl" in Einzelstrahlen aufzuspalten und in einer Arbeitsebene geeignet zu überlagern. Transmissive Integratoren erzeugen die Teilstrahlen dadurch, daß durch die verschiedenen Winkel der einzelnen Facettenflächen die zugeordneten Teilstrahlen jeweils in unterschiedliche Richtungen gebrochen werden. Dabei ist die Homogenisierung unabhängig von der Eingangsverteilung umso besser, je mehr Facetten beleuchtet werden. Allerdings kann gezeigt werden, daß bereits mit vier Facetten eine befriedigende quadratische Intensitätsverteilung erzeugt werden kann. Diese Minimalanforderung gestattet es, für den Nd:YAG-Laser einen solchen Facettenintegrator mit einfachsten Mitteln als transmissives Element auszuführen. Es handelt sich hierbei für einen quadratischen Strahlfleck im Prinzip um eine gleichseitige Pyramide aus Glassubstrat, die wie eine Linse in den Strahlengang einer konventionellen Optik eingebracht werden kann. Sie spaltet den Laserstrahl in vier Teilstrahlen auf und überlagert diese dann so, daß sich in der Zielebene ein quadratisches Profil mit sehr steilen Flanken ergibt (Bild 4.7).

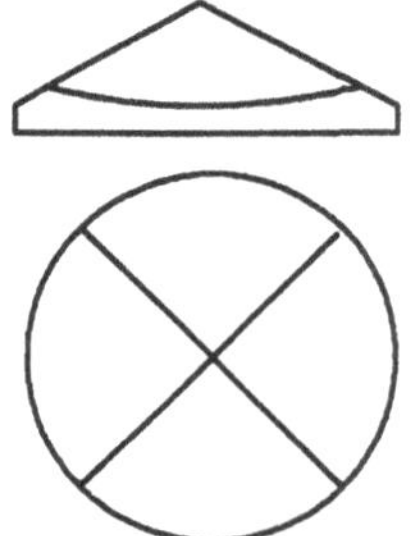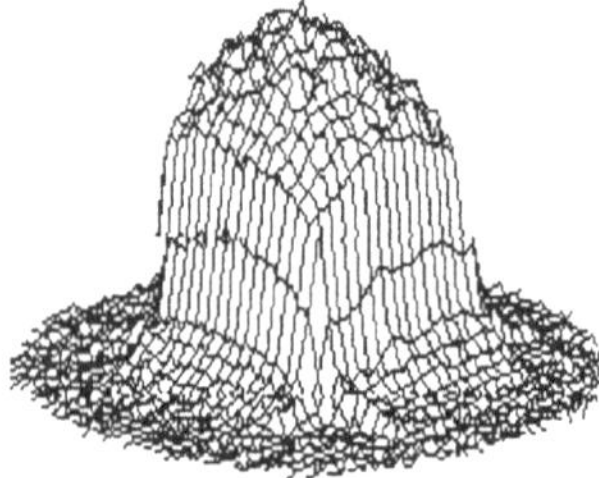

Bild 4.7   Skizze des verwendeten Facettenintegrators zusammen mit einem beispielhaften quadratischen Strahlprofil.

Die Größe des Strahlflecks hängt von der Größe der Facetten ab, konnte aber auch durch eine zusätzliche, nachgeordnete Abbildung modifiziert werden. Die Härtespuren, die mit dieser vierflächigen Glaspyramide erzielt wurden, wiesen Tiefen bis deutlich über einen Millimeter auf. Die Breite der Spuren betrug dabei etwa das 0,7 - 0,8 fache der Strahlbreite.

4.2.1.5   Axikon

Ringförmige Sitz- oder Lagergeometrien sind typische Einsatzfälle für partielle Härtungen. Bei der Vorschubhärtung entlang einer solchen ringförmigen Geometrie entsteht zwangsläufig eine Anlaßzone im Überlappbereich, wo der Ring geschlossen wird. Dieser Sachverhalt läßt sich nur dann umgehen, wenn die gesamte Härtezone auf einmal mit dem Laser bestrahlt wird, so daß keine Überlappzonen entstehen.

Wird das soeben beschriebene Prinzip des Facettenintegrators von einer Pyramide mit endlich vielen Flächen hin zu einem Kegel mit praktisch unendlich vielen Flächen weiterentwickelt, so wird das neue optische Element als Axikon bezeichnet. Im Gegensatz zum Facettenintegrator erfolgt dann die Ablenkung der Teilstrahlen nicht durch diskrete, ebene Flächen, sondern kontinuierlich durch die Kegelfläche des Axikons. Auf diese Weise wird ein runder Strahl in einen Ringstrahl aufgespalten. Mit einem Axikon kann folglich die Laserstrahlung ideal an die Härtegeometrie angepaßt werden, so daß diese völlig ausgeleuchtet und folglich eine Relativbewegung überflüssig wird.

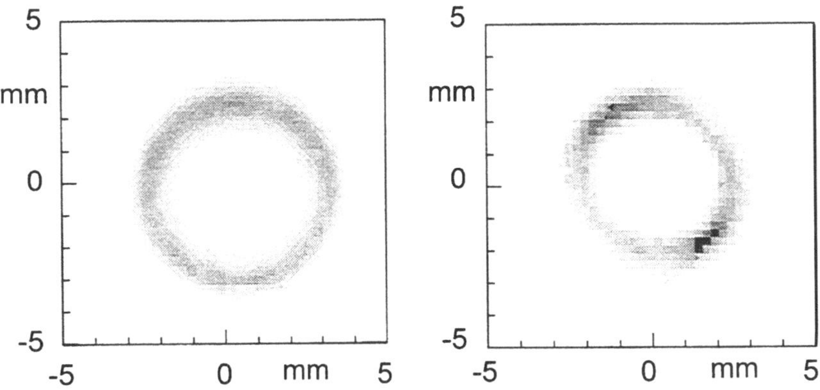

Bild 4.8   Erzeugte Ringprofile für einen HeNe- und für einen schlecht justierten Nd:YAG-Leistungsstrahl.

Sehr wichtig für ein homogenes Bearbeitungsergebnis ist die Einhaltung genauer Fertigungstoleranzen bei der Herstellung des Axikons. Von besonderer Bedeutung ist es, daß die Kegelachse genau senkrecht auf der Planfläche des Axikons steht, um Asymmetrien zu vermeiden. Eine genaue Justage des einfallenden Strahls mittig zur Axikonachse ist ebenfalls erforderlich. In Bild 4.8 ist der Einfluß einer nicht ganz optimalen Justage zu erkennen. Das linke Profil wurde durch einen HeNe-Strahl erzeugt, bei dem das Axikon korrekt ausgeleuchtet wurde. Es ist völlig rund und homogen. Das rechte Profil dagegen, das von einem Nd:YAG-Leistungsstrahl stammt, ist leicht elliptisch und inhomogen. Diese unerwünschten Effekte resultieren daraus, daß der einfallende Strahl, durch das benutzte starre Optikgehäuse bedingt, nicht gleichzeitig mittig und rechtwinklig zum Axikon justiert werden konnte. Generell kann ein Axikon an Stelle einer Linse prinzipiell in jedes Optikgehäuse nachgerüstet werden.

Parameterstudien mit einem am Institut entwickelten Raytracing-Programm haben gezeigt, daß bei einer einfachen optischen Anordnung, bei der das Axikon zwischen den beiden Linsen einer konventionellen Bearbeitungsoptik mit Zwischenkollimation eingebaut wird, der Innen- und der Außenradius in weiten Bereichen eingestellt werden können. Die wesentlichen Einstellparameter bei diesem Konzept sind der Kegelwinkel des Axikons und die Brennweite der zweiten, fokussierenden Linse. Vorgegeben waren für die Parameterrechnungen vier verschiedene Kegelwinkel und vier verschiedene Brennweiten (darunter auch f = ∞). Es ergab sich dabei allein durch die Kombination dieser wenigen optischen Elemente ein weiter Bereich von Einstellmöglichkeiten für das Strahlprofil. Bild 4.9 zeigt exemplarische Ergebnisse dieser Rechnungen, die gut mit den Meßergebnissen übereinstimmt.

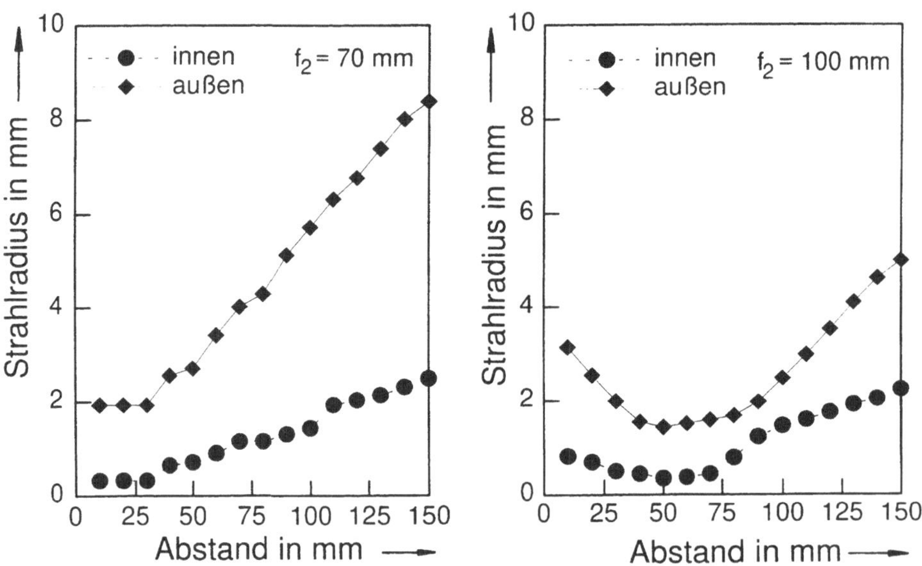

Bild 4.9   Ergebnis von Raytracing-Rechnungen für ein Axikon mit Kegelwinkel 86° und unterschiedlichen nachgeschalteten Abbildungsstufen (f_2 = 70 bzw. 100 mm).

4.2.1.6   Hologramm

Mit Hologrammen können nahezu beliebige Intensitätsverteilungen dargestellt werden. Die Strukturen der Hologramme sind dabei so klein, daß durch Interferenz der kohärenten Teilstrahlen auf der Werkstückoberfläche das gewünschte Profil entsteht. Seit kurzem sind Herstellungsverfahren verfügbar, mit denen Hologramme der Strukturgröße von etwa 1 µm flexibel und zuverlässig zu erzeugen sind. Damit sind solche diffraktiven Elemente für den Einsatz mit

CO_2-Lasern verfügbar /113, 114, 115/. Um holographische Strahlformer für den Festkörperlaser herzustellen, müßten die Strukturen allerdings um den Faktor 10 kleiner sein, was derzeit nicht möglich ist.

Für die Materialbearbeitung geeignete Spiegelwerkstoffe sind Silizium und Kupfer. Die für erste Härteexperimente eingesetzten holographischen Spiegel wurden in einem galvanischen Replikations- bzw. Aufbauprozeß hergestellt. Mit den so erzeugten achtstufigen Strukturen wurde eine Beugungseffizienz von mehr als 88% erzielt, was gegenüber dem prinzipbedingten Maximum Beugungsverluste in Höhe von lediglich rund 1% bedeutet.

Das verwendete Hologramm hatte zum Ziel, die in /32/ vorgeschlagene Intensitätsverteilung zur Erzeugung eines homogenen Temperaturfeldes zu generieren. Der Plexiglaseinbrand in Bild 4.10 zeigt eine gute Übereinstimmung zwischen der theoretisch geforderten Verteilung (Bild 4.11) und der tatsächlich holographisch erzeugten.

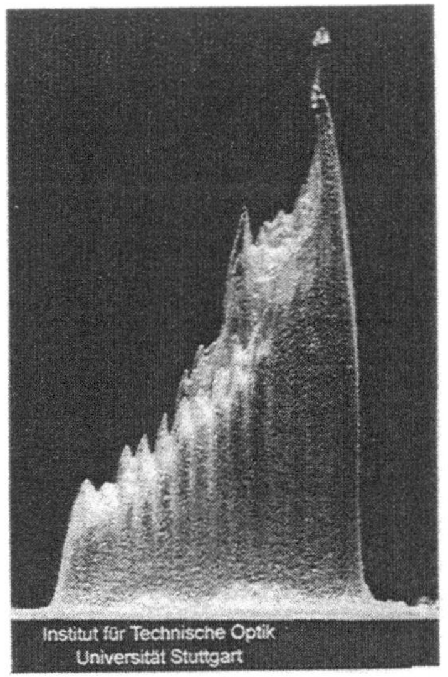

Bild 4.10   Holographisch erzeugte   Bild 4.11   Berechnete Intensitätsvertei-
             Intensitätsverteilung /115/.   lung für effizientes Härten /32/.

Aufgrund geringer Abweichungen des realen Profils vom theoretisch optimalen wurde die homogene Temperaturverteilung aus Bild 4.12 erst bei höheren Vorschubgeschwindigkeiten erreicht, als rechnerisch vorhergesagt (v_{theor} = 1 m/min). Dennoch ergaben sich brauchbare Härtespuren bei spezifischen Umwandlungsenergien von rund 40 J/mm^3.

4.2.2   Erweiterte Möglichkeiten durch eine zusätzliche Abbildung

Im vorangegangenen Abschnitt konnten die charakteristischen Strahlverteilungen einiger neuer Strahlformungselemente ermittelt werden. Insbesondere bei der Untersuchung der Einzelfaser, des Faserstabs und des Kaleidoskops zeigte sich jedoch, daß der Homogenisierungs-

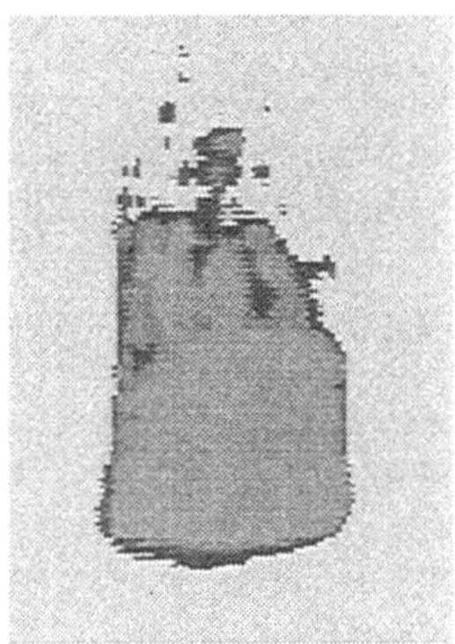

Bild 4.12   Temperaturverteilung während der Härtebearbeitung ($v = 3$ m/min, $P = 2$ kW).

effekt dieser Elemente nicht oder nur bei äußerst geringen Arbeitsabständen für eine Laserbearbeitung genutzt werden kann. Ursache dafür ist, daß ein homogenisiertes Strahlprofil - beim Faserstab das übertragene Strahlprofil - nur in der Austrittsebene des Elements und mit den Abmessungen des Elements vorliegt. Für eine angepaßte Formung des Laserstrahls ist es also unumgänglich,

- die Lage und

- die Größe

des Strahlprofils unabhängig vom eigentlichen strahlformenden Element zu kontrollieren. Mit Hilfe einer Abbildung können diese beiden Forderungen erfüllt werden. Dabei ist es zulässig, die Betrachtungen auf die Gesetzmäßigkeiten der *Geometrischen Optik* zu beschränken.

Im folgenden werden zusätzliche Abbildungsstufen in Ergänzung zu den eigentlichen Strahlformungselementen am Beispiel der Einzelfaser vorgestellt. Im einfachsten Fall besteht ein derartiges Abbildungssystem aus einer Einzellinse (Bild 4.13, *Konzept 1*). Sollen mit diesem optischen System allerdings unterschiedliche Vergrößerungsstufen β' realisiert werden, so muß der Abstand a variiert werden. Für größere Abbildungsmaßstäbe muß a verringert werden, wodurch wiederum die Bildweite a' bis zur Werkstückebene überproportional anwächst. Geringe Veränderungen von a bewirken in *Konzept 1* demnach große Änderungen des Arbeitsabstandes.

Das *Konzept 2* ist in dieser Form in den meisten Bearbeitungsköpfen für fasergeführte Nd:YAG-Laser realisiert. Dabei wird der divergent aus der Faser austretende Laserstrahl durch eine erste Linse kollimiert. Das Faserende muß hierzu in die Nähe des Linsenbrennpunkts gebracht werden. Der parallele Strahl wird anschließend durch eine zweite Linse fokussiert, so daß in diesem Fall das reelle Bild des Faserendes in der Brennebene der Linse zu liegen kommt. Der Abbildungsmaßstab ergibt sich dabei aus dem Verhältnis der Brennweiten der beiden feststehenden Linsen. Eine Änderung der Vergrößerung erfolgt deshalb in der Regel nur durch den Austausch der zweiten Linse, wodurch bei großen Abbildungsstufen auch sehr große Arbeitsabstände auftreten können.

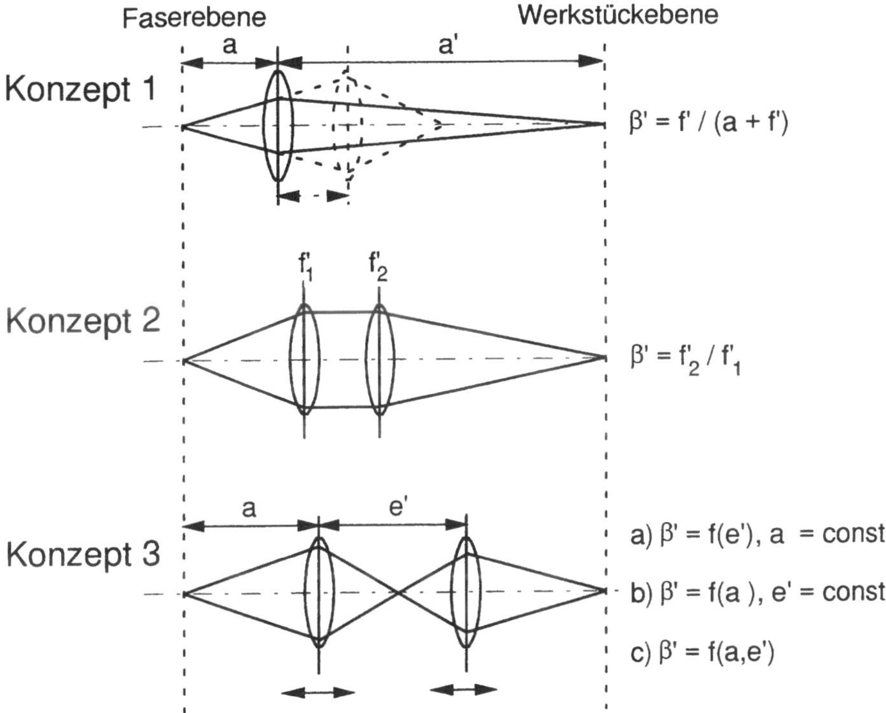

Bild 4.13   Einfache optische Abbildungssysteme.

Im Gegensatz zu Konzept 2 ist bei *Konzept 3* mindestens eine Linse beweglich. Die erste Linse erzeugt hierbei ein Zwischenbild der Faser, das dann von der zweiten Linse weiter auf die endgültige Bildebene abgebildet wird. Zur Realisierung verschiedener Abbildungsmaßstäbe stehen für eine solche teleskopische Abbildung prinzipiell drei Möglichkeiten zur Verfügung:

a) Linse 1 fest, Linse 2 verschiebbar:

Der durch die Position von Linse 2 bestimmte Abbildungsmaßstab ist eine Funktion des Hauptebenenabstandes *e'* der beiden Linsen. Genau betrachtet entspricht diese Variante dem einlinsigen System aus Konzept 1, wobei hier jedoch nicht die Faser direkt, sondern ihr Zwischenbild auf das Werkstück abgebildet wird.

b) Gemeinsame Verschiebung der beiden starr miteinander gekoppelten Linsen:

Der Hauptebenenabstand bleibt hier konstant, während der Abbildungsmaßstab vom Abstand der Faser zur ersten Linse bestimmt wird. Durch entsprechende Wahl der Brennweiten sowie des Linsenabstands kann man bei diesem Konzept durch Variation von *a* einen „simultanen Vergrößerungseffekt" beider Abbildungsstufen erreichen: Wird *a* verkürzt, so vergrößert sich das Zwischenbild und wandert gleichzeitig in Richtung der zweiten Linse; dadurch wird auch die Vergrößerungsstufe der zweiten Linse weiter erhöht.

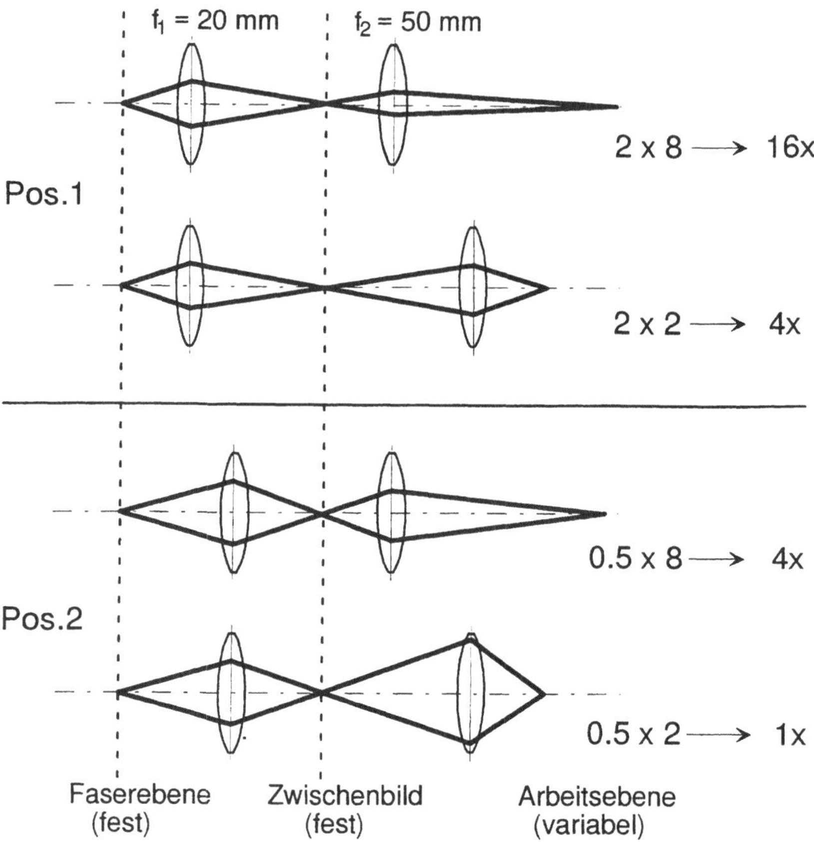

Bild 4.14   Die vier Grenzpositionen des ausgearbeiteten optischen Abbildungssystems.

c) Verschiebung beider Linsen unabhängig voneinander:

Bei entsprechender Dimensionierung eines solchen Systems läßt sich mit dieser Variante
ein Vario-Objektiv ralisieren, d.h. ein optisches System, bei dem unabhängig von der
Abbildungsstufe der Abstand zwischen Objekt (Faser) und Bild (Werkstückebene) konstant gehalten werden kann. Die Linsen müssen dann allerdings gemäß genau vorgege-
bener Steuerkurven verschoben werden, die durch die *Wüllmerschen Gleichungen* /35/
beschrieben werden.

Für die konstruktive Ausführung wurde eine Kombination aus den Konzepten 3 a) und b) ausgewählt. Im Rahmen dieser Variante kann die erste Linse zwei diskrete Positionen einnehmen;
mit dem Vorteil, daß die Objekt- und (Zwischen-) Bildebene jeweils konstant bleiben (Bild
4.14). Auf diese Weise wird mit der ersten Abbildungsstufe eine Vergrößerung von 0,5 bzw. 2
erreicht. Mit der zweiten Linse kann dieses Zwischenbild nochmals um den Faktor 2 bis 8 in
diskreten Schritten vergrößert werden. Mit dem vorgestellten System sind somit Vergröße-
rungsmaßstäbe zwischen 1 und 16 möglich, indem die beiden Linsen nach bestimmten Gesetz-

mäßigkeiten zueinander positioniert werden.

Die konstruktive und realisierte Ausführung der Optik ist in Bild 4.15 dargestellt.

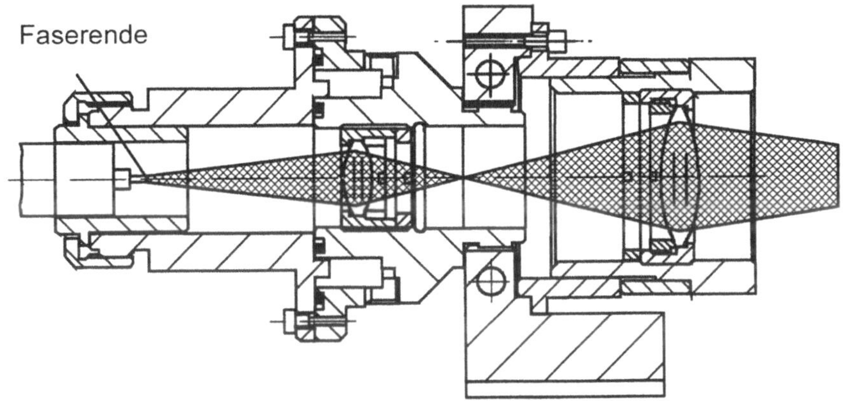

Bild 4.15   Konstruktive Ausführung der teleskopischen Abbildungsoptik.

In Bild 4.16 sind die eben beschriebenen optischen Abbildungssysteme noch einmal in einer
Übersicht dargestellt. Ohne eine zusätzliche Abbildungsstufe erhält man die Verhältnisse der
Freistrahlpropagation (Bild 4.16, a), wie sie bereits in Abschnitt 4.2.1.1 näher untersucht wur-
den. Quasi einen Sonderfall des Freistrahls stellt die Fokussierung mit Zwischenkollimation
(Bild 4.16, c) nach Konzept 2 dar. Dieses in der Lasermaterialbearbeitung weit verbreitete

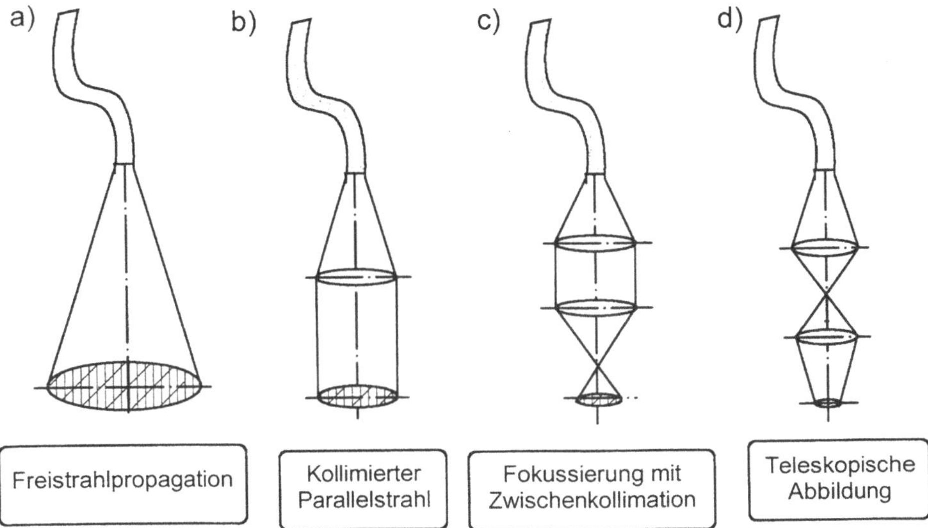

Bild 4.16   Einfache Möglichkeiten der Abbildung nach einer Faserübertragung.

Optikkonzept bildet die Ausgangsverteilung der Faser leicht vergrößert - in der Regel jedoch verkleinert - in die Fokusebene ab. Im allgemeinen sind Strahldurchmesser von 1 mm oder kleiner jedoch nicht ausreichend für eine effiziente Erzeugung von Härtespuren. Härtebearbeitungen werden deshalb fast immer außerhalb des Fokus und damit außerhalb der Abbildungsebene durchgeführt. Dort sind die Intensitätsverteilungen allerdings identisch mit denen der Freistrahlpropagation. Die nähere Untersuchung dieses Optikkonzepts bringt demnach keine neuen Erkenntnisse, so daß auf sie verzichtet werden kann.

Kollimierter Parallelstrahl. Die Kollimation eines divergenten Strahlenbündels zu einem Parallelstrahl (Bild 4.16, b) stellt einen Sonderfall von Konzept 1, der Abbildung mit einer Einzellinse, dar. Bei dieser Abbildung entsteht kein reelles Bild der Ausgangsverteilung, sondern sie wird nach unendlich abgebildet. Um einen möglichst parallelen Strahlenverlauf nach der Kollimation zu erhalten, wurde eine Plan-Konvex-Linse (f = 50 bzw. 70 mm) jeweils derart nach einer Stufenindexfaser angeordnet, daß sich der Strahldurchmesser im Anschluß an diesen optischen Aufbau möglichst wenig veränderte. Bild 4.17 und Bild 4.18 zeigen, daß es in beiden Fällen möglich war, den Strahldurchmesser zum Teil über mehrere hundert Millimeter Strahlweg nahezu konstant zu halten. Härtebearbeitungen sind auf diese Weise in einem weiten

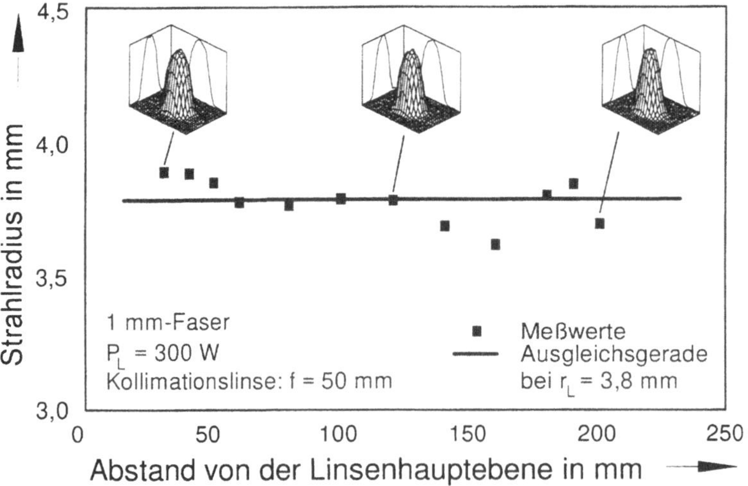

Bild 4.17   Strahlradien nach einer Kollimation mit f = 50 mm.

Bereich abstandsunabhängig durchzuführen. Im Vergleich mit den Intensitätsprofilen im Freistrahl läßt sich bei den kollimierten Strahlen feststellen, daß die Profile im Maximum eher kugelig als spitz und die Profilflanken somit etwas steiler sind. Für die Bearbeitungsexperimente wurde die 70 mm-Linse ausgewählt, was zu einem Strahldurchmesser von rund 11,3 mm führte.

Aufgrund der zu erwartenden Rückreflexionen von ebenen Werkstücken ist es nicht angezeigt, mit senkrechtem Strahleinfall zu arbeiten, da wegen des parallelen Strahlenganges der Strahl nach einer Reflexion in sich abgebildet wird. Die reflektierte Leistung wird dadurch auf das

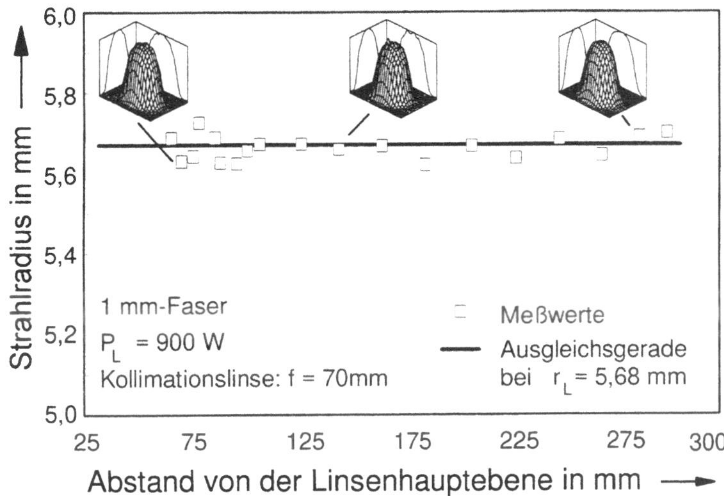

Bild 4.18   Strahlradien nach einer Kollimation mit f = 70 mm.

Faserende fokussiert, was nach kürzester Zeit zu einer Zerstörung der Faser führt. Härtungen mit einem Parallelstrahl sollten deshalb unter schrägem Strahleinfall durchgeführt werden.

Teleskopische Abbildung. Die homogene Intensitätsverteilung, wie sie am Austritt der Faser vorliegt, läßt sich fertigungstechnisch nur dann nutzen, wenn sie durch ein geeignetes optisches System vergrößert auf die Werkstückoberfläche abgebildet wird. Mit einer variablen teleskopischen Abbildungsoptik (Bild 4.16, d) wurde diese Forderung erfüllt. In Bild 4.19 sind beispielhafte Strahlprofilmessungen zusammengefaßt, die die vergrößerte Intensitätsverteilung nach einer 0,4 mm Stufenindexfaser zeigen. Die Profile sind zur besseren Vergleichbarkeit alle im selben Maßstab bei normierter Maximalintensität dargestellt.

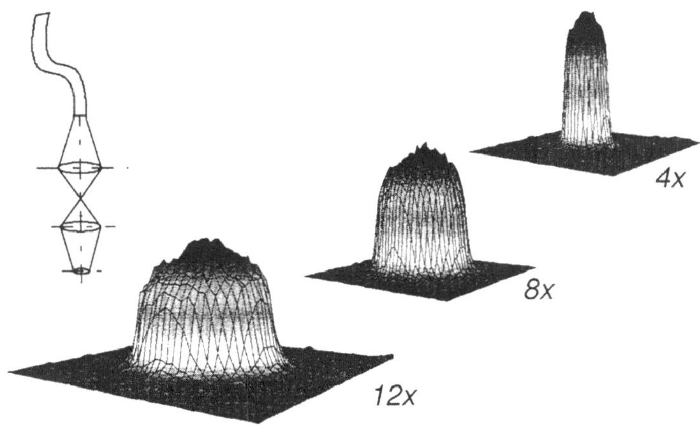

Bild 4.19   Beispielhafte vergrößerte Zylinderprofile nach einer Faserübertragung.

Deutlich erkennbar sind die steilen Flanken der Profile im Vergleich zu den Profilen, wie sie im Freistrahl oder nach der Kollimation gefunden wurden. Die gemessenen Verteilungen entsprechen allerdings nicht ganz den flachen, zylinderförmigen Profilen, wie man sie eigentlich erwartet hätte. Dies liegt daran, daß deutlich sphärische Abberationen auftraten, da mit dem verwendeten optischen Aufbau aus zwei Bikonvexlinsen keine optischen Abbildungsfehler korrigiert werden konnten.

4.2.3   Erprobung der Einzelelemente in Härteexperimenten

Im folgenden werden einige typische Vertreter der Optiken für Vorschubhärtung in Härteexperimenten erprobt und verglichen. Für detailliertere Betrachtungen wurden die *Einzelfaser mit und ohne zusätzliche Abbildungsstufen* sowie der *Facettenintegrator* ausgewählt. Aus Gründen der Übersichtlichkeit sind weitere experimentelle Ergebnisse, insbesondere die Darstellung der erzeugten Härtespurbreiten und -tiefen, in Anhang B zusammengefaßt. Dort sind auch die Ergebnisse der Experimente zu finden, die mit dem *Faserstab* und dem *Kaleidskop* durchgeführt wurden.

Der Ablauf der Härteexperimente hatte, wie bereits beschrieben, stets das Erreichen der maximal zulässigen Oberflächentemperatur am Werkstück zum Ziel. Unter der Voraussetzung gleicher Einkoppelbedingungen und konstanter Werkstoffkennwerte bei allen Experimenten wurde basierend auf der eindimensionalen Wärmeleitung in Gleichung 4.1 auf Seite 40 eine Proportionalität zwischen der eingestrahlten Laserintensität und der Quadratwurzel aus der Wechselwirkungszeit festgestellt. Dieser Zusammenhang wurde in Bild 4.20 für die faserbasierten Systeme und den Facettenintegrator dargestellt. Die Lage der Meßpunkte bezüglich der Ausgleichsgeraden in den Diagrammen zeigt deutlich, daß die visuelle Ermittlung der Anschmelzgrenze als Kriterium für die Maximaltemperatur recht genau ist und im Versuchsbetrieb gut eingehalten werden konnte. Die bis zum Erreichen der Anschmelzgrenze in das Werkstück maximal einkoppelbare Laserleistung läßt sich also näherungsweise mit eindimensionaler Wärmeleitung beschreiben.

Die Überlegungen zum Einfluß der Profilform auf das Härteergebnis sollen im folgenden in einer Gegenüberstellung von rundem gaussförmigem und rundem homogenem Strahlprofil vertieft werden. Dazu werden die experimentellen Ergebnisse der Abbildungsoptik mit Resultaten einer Fokussieroptik /30/ verglichen, die denen des Freistrahls nach dem Faseraustritt entsprechen. Direkte Folge der steilen Profilflanken beim Einsatz der Abbildungsoptik sind die höheren Temperaturen, vor allem in den seitlichen Randbereichen. Dies äußert sich, wie Bild 4.21 eindrucksvoll belegt, in einer größeren Breite der Härtespur im Verhältnis zum eingesetzten Strahldurchmesser. Während bei der teleskopischen Abbildung die Spurbreite aufgrund der steilen Profilflanken sehr nahe an den Strahldurchmesser herankommt, liegt der Quotient beim defokussierenden Verfahren lediglich zwischen 0,5 und 0,7. Die Erklärung liegt darin, daß bei der gaußähnlichen Intensitätsverteilung die eingebrachte Energie in den Randbereichen des Brennflecks zu gering für eine martensitische Gefügeumwandlung ist und der Werkstoff dort lediglich stark erwärmt wird.

Der Leistungsbedarf für die Erzeugung einer jeweiligen Spurbreite ist für die beiden Strahlformungskonzepte in Bild 4.22 gegenübergestellt. Deutlich ist zu erkennen, daß sich bei festge-

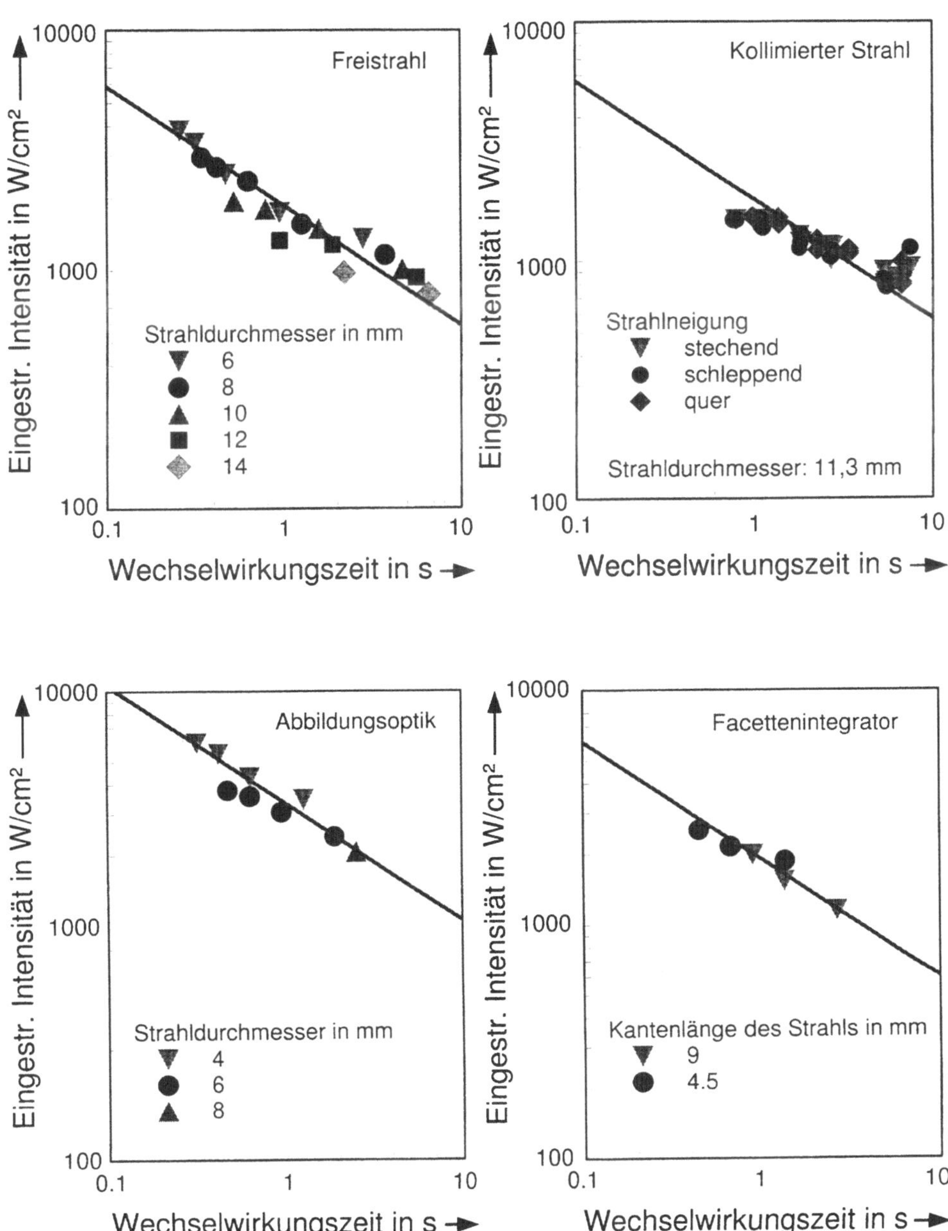

Bild 4.20   Im Freistrahl (a), im kollimierten (b), im homogenen runden (c) und im homogenen quadratrischen Strahl (d) bis zur Anschmelzgrenze maximal einstrahlbare Laserintensität in Abhängigkeit von der Wechselwirkungszeit.

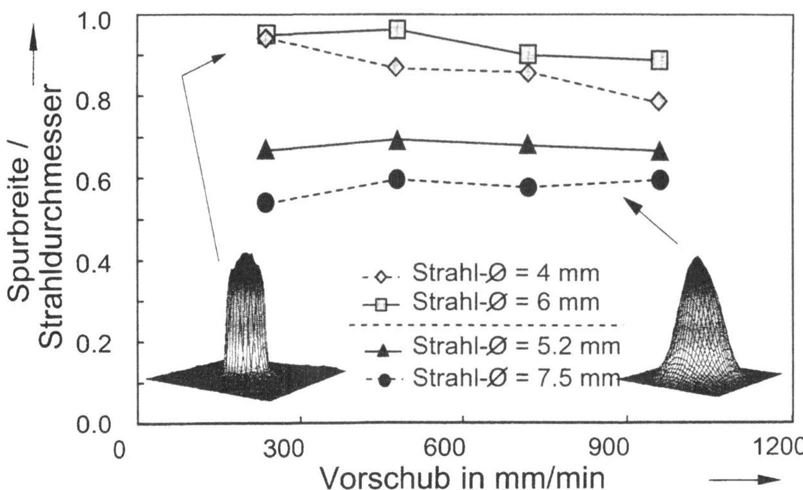

Bild 4.21   Vergleich des Verhältnisses von Strahldurchmesser zur Spurbreite für Abbildungsoptik und Fokussieroptik.

haltener Vorschubgeschwindigkeit und gleicher Leistung mit der Abbildungsoptik breitere Härtespuren erzielen lassen. Die Erstellung einer vorgegebenen Härtespurbreite erfordert demnach mit der neuartigen Abbildungsoptik circa 15% weniger Laserleistung.

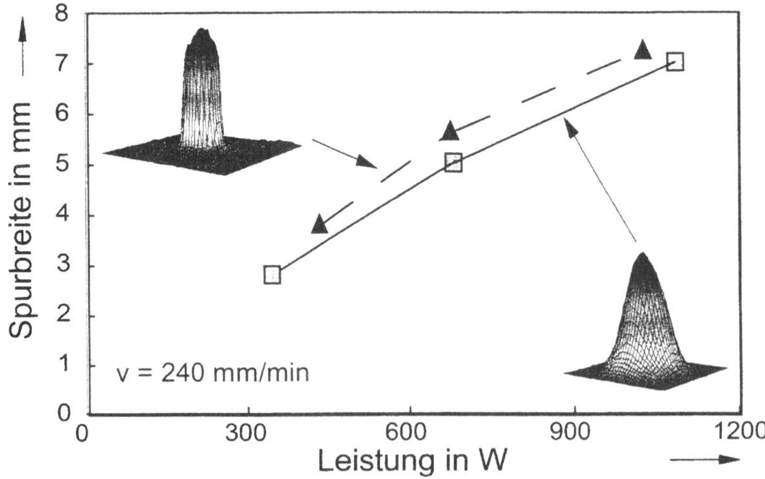

Bild 4.22   Vergleich der erzielbaren Spurbreiten in Abhängigkeit von der Laserleistung bei konstanter Vorschubgeschwindigkeit.

Der Vergleich der beiden Profilformen ist jedoch mit der Betrachtung der Breiten der Härtespuren noch nicht vollständig. Ebenfalls eine Folge der unterschiedlichen Intensitätsverteilungen sind die voneinander abweichenden Geometrien der Spurquerschnitte, ausgedrückt durch das Verhältnis von Spurbreite zu Spurtiefe, wie es in Bild 4.23 dargestellt ist. Auch wenn die Spurgeometrien in beiden Fällen grundsätzlich einen linsenförmigen Querschnitt haben, wird deutlich, daß die mit der Abbildungsoptik erzeugten Spuren flacher sind, d.h. einen größeren Quotienten aus Spurbreite und Spurtiefe aufweisen, als die Spuren gleicher Breite, die mit einer konventionellen Bearbeitungsoptik hergestellt wurden. Mit der Abbildungsoptik wird eine vorgegebene Einhärtungstiefe über eine größere Spurbreite hinweg gewährleistet.

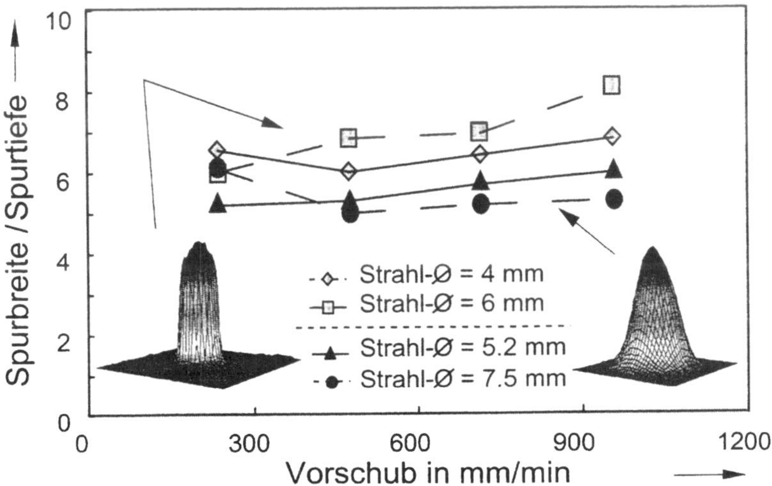

Bild 4.23   Verhältnis von Spurbreite zu Spurtiefe für beide Optikkonzepte.

Neben diesen strukturellen Unterschieden der einzelnen Härtespuren in Abhängigkeit von der jeweiligen Intensitätsverteilung treten auch - wie bereits angedeutet - energetische Unterschiede auf. Dies wird besonders deutlich, wenn das Verhältnis aus genutzter zu aufgebrachter Laserleistung, d.h. der Prozeßwirkungsgrad, für alle untersuchten Strahlformer gegenübergestellt wird (Bild 4.24). Dann unterscheiden sich die Intensitätsverteilungen mit steilen Profilflanken klar von den gaussähnlichen Verteilungen. In Bild 4.24 kommt dies durch zwei voneinander abgegrenzte Wertebereiche zum Ausdruck. Während die Prozeßwirkungsgrade für die gaussförmigen Strahlprofile relativ niedrige Werte annehmen, sind mit den steilen Profilen signifikant höhere Wirkungsgrade zu erzielen. Eine Steigerung des Wirkungsgrades mit zunehmender Vorschubgeschwindigkeit ist vorwiegend beim Freistrahl und dem kollimierten Strahl markant zu beobachten. Dies ist wohl auf die Verringerung der Wärmeleitungsverluste mit zunehmender Geschwindigkeit zurückzuführen, was beispielsweise in /18/ anhand des sogenannten thermischen Wirkungsgrades diskutiert wird.

Die Abhängigkeit des Prozeßwirkungsgrades von der Geschwindigkeit ist bei den beiden homogenen Intensitätsverteilungen deutlich weniger ausgeprägt. Insbesondere bei niedrigerem

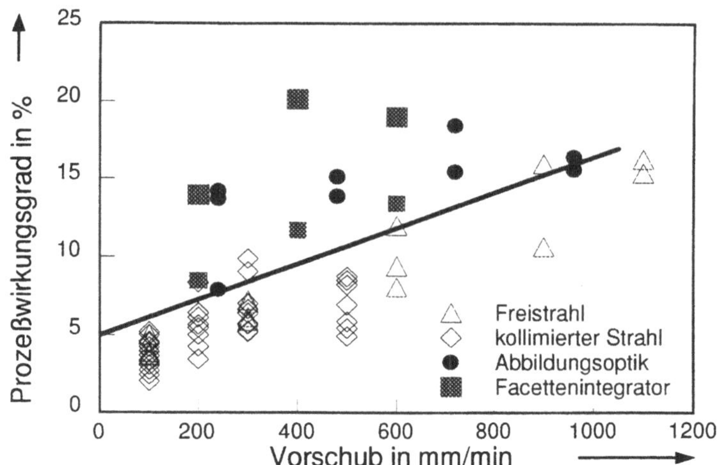

Bild 4.24   Zusammenschau der Prozeßwirkungsgrade für die näher untersuchten Strahlfor-
               mungssysteme bei Vorschubhärtungen.

Vorschub ergeben sich hier jedoch offenkundige Vorteile durch den Einsatz von Strahlprofilen
mit steilen Flanken. Bei niedrigen Geschwindigkeiten kann demnach durch die Wahl einer
geeigneten Strahlform die Effizienz des Härtungsprozesses zum Teil mehr als verdoppelt werden.

Der Prozeßwirkungsgrad ist aber differenzierter zu betrachten. Abgesehen von der rein energe-

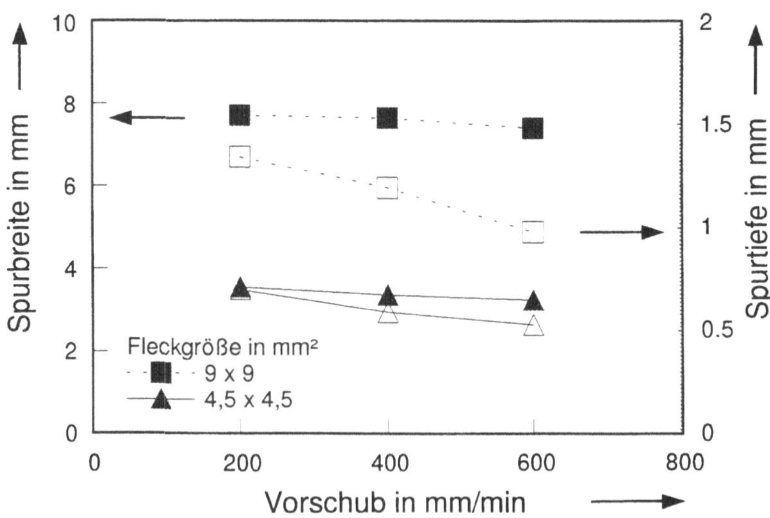

Bild 4.25   Breite und Tiefe der mit dem Facettenintegrator erzeugten Härtespuren.

tischen Betrachtung sollte immer auch die Geometrie der gehärteten Zone berücksichtigt werden. Denn die Gestalt der Härtungszone folgt nicht denselben Gesetzmäßigkeiten wie die Prozeßeffizienz. Während, wie bereits angesprochen, der Wirkungsgrad des Prozesses mit zunehmendem Vorschub ansteigt, d.h. pro eingesetztem Energiebetrag mehr Werkstoffvolumen umgewandelt wird, nimmt die Einhärtungstiefe grundsätzlich eher ab, da den Umwandlungsisothermen weniger Zeit bleibt, um weiter in das Werkstückinnere zu gelangen. Beispielhaft für diesen Zusammenhang sei auf Bild 4.25 verwiesen, wo insbesondere bei der größeren Strahlfleckgeometrie mit zunehmendem Vorschub ein merklicher Abfall der Spurtiefe zu verzeichnen ist. Muß aus konstruktiven Gründen also eine definierte Einhärtungstiefe erreicht werden, so kann unter dieser Voraussetzung die Prozeßeffizienz nicht beliebig über eine Anhebung der Vorschubgeschwindigkeit gesteigert werden !

Ähnliches gilt für die Spurbreite, wobei hier ebenfalls deutliche Unterschiede je nach eingesetztem Strahlprofil festzustellen sind. Während aufgrund der steilen Profilflanken in Bild 4.25 praktisch keine Geschwindigkeitsabhängigkeit der Spurbreite zu erkennen ist, zeigt die Erfahrung, daß bei relativ flachen Profilflanken, wie sie beispielsweise bei einem defokussierten Strahl mit großem Strahldurchmesser auftreten, eine deutliche Abnahme der Spurbreite mit ansteigender Vorschubgeschwindigkeit nicht zu vermeiden ist.

Zusammenfassung der näher untersuchten Strahlformen. In Bild 4.26 sind die hier im Detail untersuchten Strahlformen im Überblick dargestellt. Profil a) repräsentiert die Verhältnisse im kollimierten Strahl sowie im Freistrahl bzw. im defokussierten Bereich einer konventionellen Bearbeitungsoptik. Die vergrößert abgebildete Intensitätsverteilung vom Faserende stellt Profil b) dar, während Profil c) für den Facettenintegrator steht. Profil c) gilt prinzipiell auch für das Kaleidokop mit nachfolgender Abbildung des homogenisierten Profils.

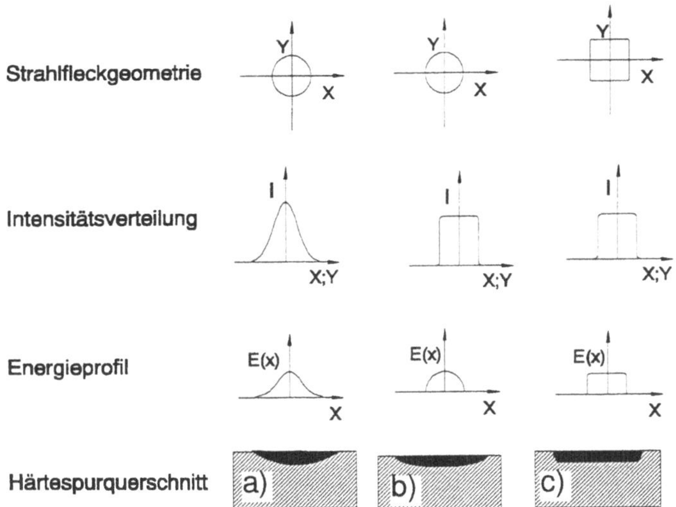

Bild 4.26   Idealisiertes Schema der verschiedenen Spurfleckgeometrien und Intensitätsverteilungen mit daraus resultierenden Härtespurquerschnitten (Vorschub in *y*-Richtung).

Die Spurgeometrien, die sich mit diesen Strahlprofilen erzielen lassen, hängen dabei sowohl von der Intensitätsverteilung, als auch von der Strahlfleckgeometrie ab, d.h. davon, ob der Strahl rund oder rechteckig ist. Eine runde Strahlform beispielsweise bewirkt, daß die Bestrahlzeit für ein kleines Flächenelement im Zentralbereich des Strahlflecks wesentlich länger ist als im Randbereich. Die Menge der eingebrachten Energie ist dementsprechend im Zentrum der Härtespur deutlich größer als an den Rändern. Eine einfache Überschlagsrechnung kann diesen Zusammenhang belegen. Dazu wird die auf ein Flächenelement F gestrahlte Energie an einer Stelle x senkrecht zur Vorschubrichtung (Strahlfleckmitte: $x = 0$) unter Berücksichtigung der die Überstreichzeit $t(x)$ bestimmenden Geometrie des Strahlflecks ermittelt. Der Ansatz lautet dann:

$$E(x) = I(x) \cdot F \cdot t(x) \quad . \tag{4.4}$$

Für den Fall a) (Bild 4.26) ergibt sich

$$E_{Gauss}(x) = \text{const.} \cdot \sqrt{(r_L^2 - x^2)} \cdot e^{\frac{-2x^2}{r_L^2}} \quad , \tag{4.5}$$

wobei r_L dem Strahlfleckradius entspricht. Bei den Strahlfleckgeometrien b) und c) ist die Intensität I im gesamten Strahlfleck konstant. Für das homogene, kreisförmige Intensitätsprofil der Abbildungsoptik erhält man für die eingebrachte Energiemenge an der Stelle x des Spurquerschnitts:

$$E_o(x) = \text{const.} \cdot \sqrt{(r_L^2 - x^2)} \quad . \tag{4.6}$$

Die aufgebrachte Laserenergie gehorcht also einer Kreisfunktion über der Spurbreite mit dem Maximum in der Strahlfleckmitte bei $x = 0$. Im Gegensatz dazu ergibt sich für den rechteckförmigen Strahlfleck die Beziehung

$$E_{\square}(x) = \text{const.} \tag{4.7}$$

Jedes Flächenelement der Härtespur wird hier also idealisiert mit der gleichen Menge an Energie beaufschlagt. Dann ist allerdings weiter nach dem Seitenverhältnis des rechteckigen Strahlflecks zu unterscheiden. Bei einem quadratischen Strahlfleck, wie er mit dem vorgestellten transmissiven Facettenintegrator erzeugt wurde, ist mit einer eher linsenförmigen Spurgeometrie zu rechnen. Erst wenn das Verhältnis von Fleckbreite zu Flecklänge Werte von 3:2 bis 2:1 überschreitet /32/, treten Spurformen auf, die einen ausgeprägt flachen Verlauf in der Spurmitte aufweisen und deshalb als wannenförmig bezeichnet werden können.

Als charakteristische Größen für die Beurteilung der jeweiligen Härtespuren haben sich dabei das Verhältnis von Spurbreite zu Spurtiefe, ebenso wie das Verhältnis von Spurbreite zu Strahldurchmesser bewährt. Für die vorgestellten Strahlformen ergaben sich dabei die Wertebereiche aus Tabelle 4.8.

Für linienförmige Härteaufgaben mit dem Laserstrahl sollten also nach Möglichkeit immer Strahlverteilungen eingesetzt werden, die möglichst steile Profilflanken besitzen. Die Effizienzvorteile dieser Strahlformen sind klar erkennbar. Ist eine mehrdimensionale Bahnhärtung

	Freistrahl Fokussierung	kollimierter Strahl	teleskopische Abbildung	Facettenintegrator
Spurbreite / Strahlbreite	0,5 - 0,7	0,4 - 0,6	0,8 - 1,0	0,7 - 0,9
Spurbreite/-tiefe	5 - 8	7,5 - 10,5	6 - 9	5 - 8

Tabelle 4.8:   Übersicht über charakteristische Größen der untersuchten Optikkonzepte.

gefordert, so bietet sich das vergrößert abgebildete Zylinderprofil aus der Glasfaser an, da es aufgrund seiner runden Geometrie richtungsunabhängig eingesetzt werden kann. Die beste Eignung für Bahnhärtungen zeigten jedoch rechteckige, homogene Intensitätsverteilungen, wie sie mit dem Facettenintegrator und mit dem Kaleidoskop erzeugt wurden. Sobald die homogenisierte Verteilung des Kaleidoskops auf das Werkstück abgebildet werden kann, sind mit diesem Profil vergleichbare Härteergebnisse wie mit dem Facettenintegrator zu erwarten. Die Eignung von holographischen Elementen für die Strahlformung kann noch nicht abschließend beurteilt werden. Die Strahlformungsmöglichkeiten lassen jedoch große Vorteile erwarten, wenn auch die jeweils erzeugten Strahlprofile nur für eine einzige Kombination von Prozeßparametern sinnvoll einsetzbar sind.

4.3 Strahlformung mit variablen optischen Systemen

Allen Strahlformungssystemen, die in diesem Abschnitt beschrieben werden, ist gemeinsam, daß die wirksame Intensitätsverteilung im Strahlfleck durch die Überlagerung von Einzelstrahlen variabel erfolgen kann. Dies kann wie bei der Mehrstrahltechnik derart geschehen, daß die zu überlagernden Strahlen von unterschiedlichen, gekoppelten oder aber von völlig unabhängigen Strahlquellen stammen. Andererseits kann die räumliche Überlagerung nicht nur statisch, sondern wie mit der Oszillatoroptik auch dynamisch und somit zeitlich gemittelt erfolgen. Mit solchen speziellen Strahlformungssytemen lassen sich die Intensitätsverteilungen sehr einfach und flexibel an die jeweiligen Bearbeitungsaufgaben anpassen.

4.3.1 Oszillatoroptik

Sollen komplexe Geometrien gehärtet werden, können ungünstige oder veränderliche Wärmeleitbedingungen, z.B. an Kanten oder in kleinen Werkstücken, zu Überhitzungen führen. In solchen Fällen werden spezielle Intensitätsverteilungen benötigt, um gute Ergebnisse zu erzielen. Zur Gewährleistung einer entsprechend der Bauteilgeometrie einheitlichen Einhärtungstiefe muß die Materialerwärmung unter dem Strahl weitestgehend gleichmäßig erfolgen, d.h. der Strahlfleck muß sowohl geometrisch als auch energetisch angepaßt sein. Im Gegensatz zu starren, in ihren strahlformenden Eigenschaften festgelegten Systemen zeichnen sich Oszillatoroptiken /60/ dabei durch einen hohen Flexibilitätsgrad aus.

In einer Fertigung mit kurzen Produktzyklen verändern sich zudem durch den raschen Wechsel der Bauteilgeometrien die Anforderungen an die Strahlformung ständig. Für die Härtung von beispielsweise Kugelsitzen, Zahnrädern oder ebenen Bahnen sind völlig unterschiedlich geformte Strahlflecke notwendig. Soll nun vermieden werden, daß für jeden dieser Anwendungsfälle eine andere Optik einzusetzen ist, dann muß eine flexible Strahlformung gefordert werden.

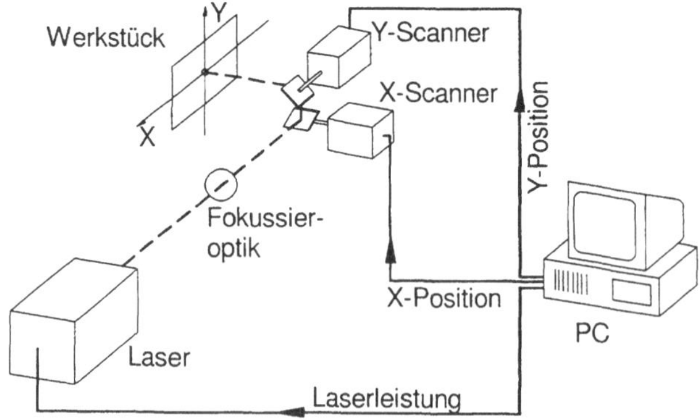

Bild 4.27   Schema des verwendeten flexiblen Strahlformungssystems /30/.

Flexibles Strahlformungssystem. Zur Erfüllung der beschriebenen Anforderungen wurde auf das flexibles Strahlformungssystem aus /30/ zurückgegriffen, das weiterentwickelt wurde (Bild 4.27). Der eintreffende Laserstrahl wird dort mittels einer langbrennweitigen Fokussieroptik ($f = 1$ m), einem Spiegel oder einer Linse, fokussiert. Dahinter wird er mit zwei Planspiegeln, die auf Galvanometerscannern montiert sind, in zwei senkrecht zueinander stehende Richtungen abgelenkt. Die Spiegel wurden mit Laserleistungen von bis zu 5 kW erfolgreich getestet. Die Galvanometerscanner sind in der Lage, die Spiegel mit einer Maximalfrequenz von 300 Hz innerhalb eines Auslenkungswinkels von $\pm\ 1°$ zu bewegen.

Gleichzeitig mit der Bewegung des Laserstrahls ist es möglich, die Ausgangsleistung eines HF-angeregten 5 kW CO_2-Lasers mit 6,5 kHz sehr schnell zu verändern. Auf diese Weise kann die Intensitätsverteilung, die auf die Oberfläche auftrifft, ähnlich einem Fernsehbild an jedem Punkt des Scannerfeldes verändert werden /79/. Die Signale für die Positionierung der beiden Scanner sowie das Signal für die Steuerung der Laserleistung werden zentral von einem einzigen Rechner erzeugt.

Zur Formung der integrierten Intensität *innerhalb* eines Brennflecks sind im wesentlichen zwei Vorgehensweisen möglich: eine Geschwindigkeitsvariation der Scannerspiegel zur Veränderung der Energieeinbringung an einer spezifischen Stelle der gescannten Fläche durch unterschiedliche Verweilzeiten und die bereits erwähnte Modulation der Laserleistung. Beide Methoden können gleichzeitig eingesetzt werden, um optimale Ergebnisse zu erhalten.

Generierung der Steuerdaten. In /30/ wurde ein Programm zur Simulation des Laser-Umwandlungshärteprozesses erstellt, das auf der Methode der finiten Differenzen basiert. Mit diesem Programm kann eine zeitabhängige, dreidimensionale Temperaturverteilung innerhalb des Werkstoffes berechnet werden. Temperaturabhängige Materialeigenschaften werden dabei ebenso berücksichtigt, wie die lokale maximal absorbierbare Laserleistung zu jedem Zeitpunkt.

Für die Scanneroptik wird mit diesem Programm die Position des Laserstrahls unter Berücksichtigung der Scannerfrequenzen und einer realen Modenstruktur (z.B. TEM_{01*}) berechnet. Ausgehend von Vorgaben, wie Strahlradius, Brennfleckgröße und Vorschubgeschwindigkeit, kann so eine zeit- und ortsabhängige Laserleistung ($P_L(x,y,t)$) an der Werkstückoberfläche ermittelt werden. Diese Leistungsdaten werden verwendet, um die durchschnittliche Energieeinbringung bildlich darzustellen. Um die flexible Scanneroptik zu steuern, wurden in einer Weiterentwicklung des Programms die ermittelten Leistungsdaten unter Berücksichtigung der realen Einkopplungsverhältnisse direkt in Steuerdaten für die Scannersteuerung und die schnelle Laserleistungssteuerung umgewandelt.

Prozeßdiagnose und -optimierung. Für die Diagnose von Wärmebehandlungsprozessen werden häufig Pyrometer eingesetzt. Sie zeichnen sich durch eine hohe Meßgenauigkeit und vor allem durch eine hohe Meßgeschwindigkeit aus, was sie für die Meßgrößenerfassung in Regelsystemen prädestiniert. Zur Bestimmung der Oberflächentemperaturverteilung beim Einsatz der flexiblen Strahlformung ist ein Pyrometer allerdings nicht ohne weiteres geeignet. Kennzeichnend für eine Pyrometermessung ist die Ermittlung einer zeitlich aufgelösten und über den Meßfleck räumlich gemittelten Temperatur. Wesentlich bei der Beurteilung der am Scanner eingestellten Strahlformungsparameter ist jedoch die Kenntnis einer zeitlich gemittelten und räumlich aufgelösten Temperaturverteilung, da durch die schnelle Strahlablenkung auf den Werkstoff und dessen Umwandlungsträgheit quasi die zeitlich integrierte Intensität wirksam ist.

Zur Kontrolle dieser Vorgänge wurde eine Prozeßdiagnose mit Hilfe einer handelsüblichen Thermokamera und Bildverarbeitung aufgebaut. Problematisch war dabei zunächst die feststehende Bildfrequenz der Kamera von 25 mal zwei Halbbildern pro Sekunde. Dadurch war eine zeitliche Auflösung der Strahlbewegung auf dem Werkstück bei einer Strahlablenkfrequenz von rund 300 Hz nicht möglich. Ebensowenig konnte die Belichtungszeit von 20 ms je Halbbild verlängert werden, um eine zeitlich integrierende Langzeitbelichtung vorzunehmen.

Die Sichtbarmachung solch gemittelter Temperaturverteilungen erfolgte deshalb jeweils nach Versuchsende mit Hilfe einer speziellen Bildverarbeitungssoftware, indem mehrere Einzelaufnahmen aus dem aufgezeichneten Versuchsablauf integriert wurden. Die dadurch gewonnenen Thermographien des Brennflecks konnten zur Beurteilung der eingestellten Parameter - insbesondere der Intensitätsverteilung - genutzt werden. So konnten anhand dieser Thermographien die lokalen Temperaturspitzen sichtbar gemacht werden, die im Experiment zu Anschmelzungen der Oberfläche geführt hatten. An diesen Stellen wurde dann lokal die Laserleistung reduziert, um die Anschmelzungen zu vermeiden. Im umgekehrten Fall wurden wie im Fall von Bild 4.28 a) Bereiche mit relativ niedriger Temperatur im Brennfleck gefunden, was auf einen wenig effizienten Härteprozeß hinweist. Bild 4.28 veranschaulicht, wie sukzessive durch Anpassung der Intensitätsverteilung die Temperaturverteilung im Brennfleck homogenisiert werden konnte.

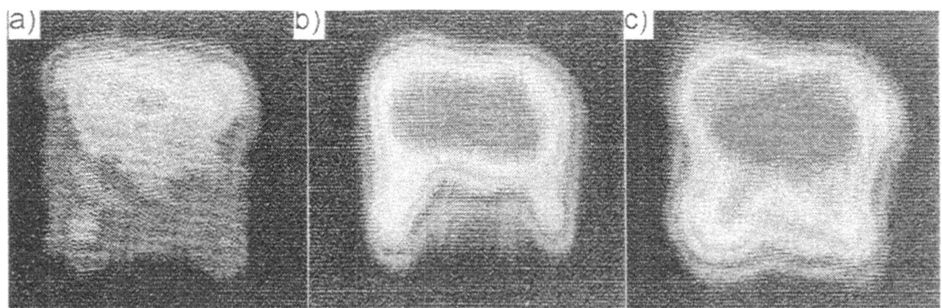

Bild 4.28   Gemittelte Temperaturverteilung der Bearbeitungszone: vor (a), während (b) und nach (c) einer Optimierung der Intensitätsverteilung.

Ausgangspunkt für diese Optimierungen waren Intensitätsverteilungen, wie sie sich auf der Basis von Wärmeleitungsrechnungen ergaben, bei denen nach Möglichkeit im gesamten bestrahlten Bereich eine sehr hohe Temperatur erreicht werden sollte. Obwohl eine Optimierung der Intensitätsverteilung lediglich manuell durchgeführt wurde, konnte die Energieeinbringung im experimentellen Vergleich mit den Ausgangsverteilungen unter jeweils identischen geometrischen und kinematischen Bedingungen um rund 20 - 40 % erhöht werden. Dieses Mehr an Energie führte dabei sowohl zu einer Vergrößerung der Umwandlungszone -

insbesondere der Einhärtungstiefe (Bild 4.29) -, aber auch zu einer verbesserten Austenithomogenisierung und damit zu einer erhöhten Aufhärtung der beeinflußten Zone.

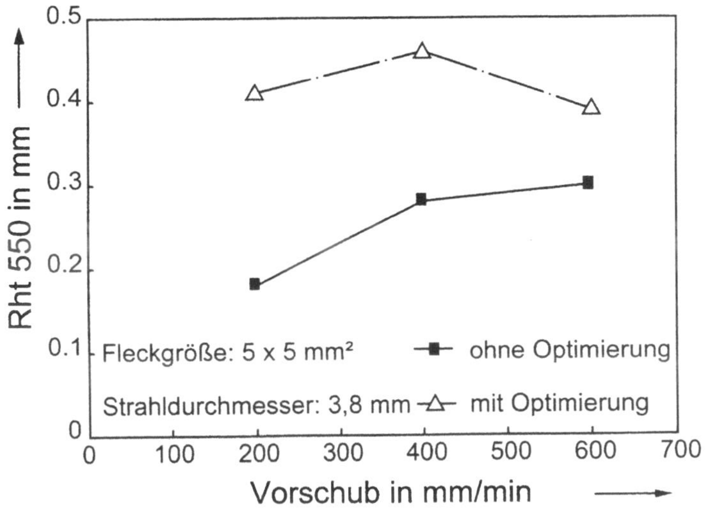

Bild 4.29   Einhärtungstiefe in C45 mit und ohne Optimierung des Temperaturfeldes.

In Bild 4.30 sind beispielhaft zwei Intensitätsverteilungen mit Plexiglaseinbränden sichtbar gemacht, wie sie typisch für die Verhältnisse vor (a) und nach (b) dem Optimierungsvorgang waren. Rein visuell sind die Unterschiede in den beiden Profilen sehr gering. Abgesehen von

a)   b)

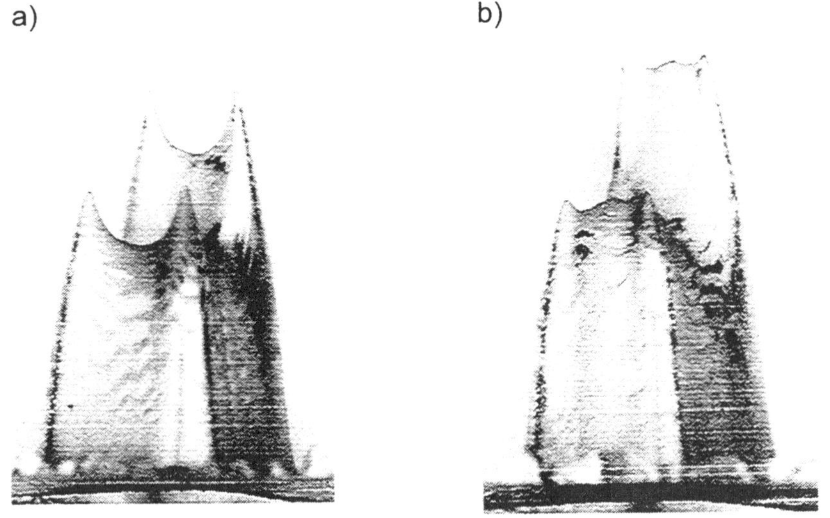

Bild 4.30   Plexiglaseinbrände von Strahlprofilen vor (a) und nach (b) der Optimierung.

den leichten Intensitätsspitzen in den Ecken der Verteilung unterscheiden sich die beiden Profile lediglich in ihrer Höhe und damit in ihrer gemittelten Intensität. Dieser direkte Vergleich macht deutlich, weshalb eine Optimierung der Intensitätsverteilungen allein anhand von Plexiglaseinbränden nahezu unmöglich ist.

Die Oszillatoroptik ist im Vergleich zu starren Härteoptiken vorteilhaft, wenn eine flexible Gestaltung des Laserstrahls erforderlich und gewünscht ist. Dies ist insbesondere bei komplexen Härtegeometrien der Fall. Die kompletten Steuerdaten für die flexible Strahlformungsoptik und die schnelle Laserleistungssteuerung können mit Hilfe von Wärmeleitungsrechnungen automatisch erzeugt werden. Unter Zuhilfenahme thermographischer Aufnahmen für die Prozeßdiagnose und einer speziellen Software zu deren Auswertung ließ sich am Beispiel einer ebenen Härtebahn die Intensitätsverteilung im Brennfleck weiter optimieren. Auf diese Weise wurde eine für die gegebene Härtegeometrie bestmögliche Verteilung gefunden, mit der ohne Anschmelzung der Oberfläche ein Maximum an Laserenergie für den Umwandlungsprozeß eingekoppelt werden konnte. Die Härtespuren nach einer solchen Optimierung waren generell deutlich tiefer als zuvor. Oftmals war das erreichte Härteniveau bei sonst gleichen Verfahrensparametern ebenfalls höher als vor der Optimierung.

Der Vorteil dieser Vorgehensweise besteht, abgesehen von der relativ kurzen Zeit bis zum Erreichen des Bearbeitungsergebnisses, in der Nutzung eines objektiven Kriteriums - der ortsaufgelösten, integrierten Temperaturverteilung an der Oberfläche - zur Beurteilung des Bearbeitungsprozesses. Auf diese Weise kann sichergestellt werden, daß das Bearbeitungsergebnis das unter den gegebenen Randbedingungen jeweils optimale ist und daß das Potential, das eine Oszillatoroptik mit integrierter Laserleistungssteuerung bietet, vollständig genutzt wurde.

Nachteilig bei dem vorgestellten Konzept ist jedoch, daß durch die lokale Reduktion der Laserleistung das Potential der Strahlquelle nur zeitweise ausgenutzt werden kann. Im zeitlichen Mittel jedoch können daher je nach Bearbeitungsaufgabe nur etwa zwei Drittel oder gar nur die Hälfte der zur Verfügung stehenden Leistung effektiv genutzt werden. Dieser Nachteil kann umgangen werden, wenn statt der erforderlichen lokalen Leistungsreduktion eine Verringerung der Verweildauer des Strahls herbeigeführt wird, was durch die zwischenzeitliche Verfügbarkeit dynamischerer Galvanometerscanner möglich ist /116, 117/.

4.3.2   Strahlkombinationsoptik

Der Einsatz von mehr als einem Laserstrahl für die Oberflächenbearbeitung weist Vorteile im Vergleich zu einer Bearbeitung mit einem einzigen Strahl auf. Mit der Überlagerung der Strahlen aus mehreren getrennten Laserstrahlquellen kann beispielsweise die verfügbare Laserleistung an der Bearbeitungsstelle erhöht werden. Je nach Anordnung und Überdeckung der einzelnen Strahlflecke entstehen in der Kombination verschiedene integrale Intensitätsverteilungen, womit dann unterschiedliche Härtegeometrien erzeugt werden können. Die beiden folgenden Gedanken geben somit die wesentlichsten Aspekte beim Einsatz der Mehrstrahltechnik wieder:

- Steigerung der verfügbaren Laserleistung und

- Flexibilität bei der Gestaltung einer kombinierten Intensitätsverteilung.

Zum Erreichen dieser Ziele können unterschiedliche Ansätze verfolgt werden, die diese Vorgaben jeweils zu einem unterschiedlichen Grad erfüllen /120/. Im Rahmen dieser Arbeit bleiben die Untersuchungen dabei auf die Kombination von zwei Laserstrahlen beschränkt.

4.3.2.1   Addition von Strahlquellen

Die einfachste Form der Strahlkombination ist die Überlagerung der Strahlen von zwei Laserquellen. Der Einsatz flexibler Glasfasern mit dem Nd:YAG-Laser gestattet es dabei, zwei Laser gleicher Art auf unkomplizierte Weise zu kombinieren und dadurch die für den Härteprozeß verfügbare Laserleistung zu verdoppeln. In Bild 4.31 ist zu erkennen, daß eine Zweistrahloptik mit einfachsten Mitteln gebaut werden kann, indem zwei konventionelle Optikköpfe über ein justierbares Scharniergelenk miteinander verbunden werden. Der einstellbare Winkel zwischen den Fokussierköpfen bestimmt im wesentlichen den Abstand der beiden Strahlflecke auf dem Werkstück, während der Grad der Defokussierung den Strahldurchmesser festlegt /119/.

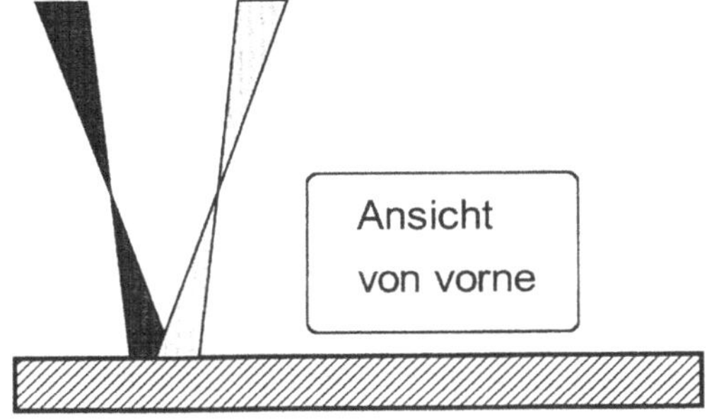

Bild 4.31   Zweistrahloptik für Nd:YAG-Laser.

Das resultierende Temperaturfeld der beiden Strahlen und damit die Geometrie der gehärteten Zone kann durch den Grad der Überlappung eingestellt werden. Basierend auf der Superposition zweier Gauss-Strahlen geben die berechneten Kurven in Bild 4.32 einen Eindruck von der gemeinsamen Intensitätsverteilung einer solchen Überlagerung. Aufgrund dieser Berechnungen kann erwartet werden, daß bei einer Überlappung von weniger als 30 - 40 % des Strahldurchmessers keine homogene Härtespur mehr vorzufinden ist, da die vereinigte Intensitätsverteilung dann bereits zwei ausgeprägte Maxima aufweist.

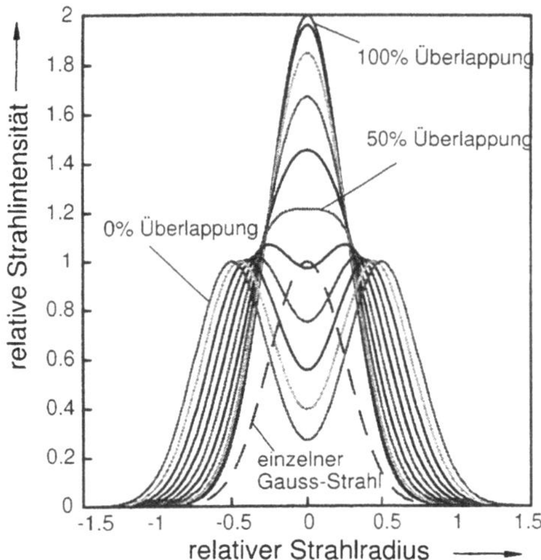

Bild 4.32   Berechnete Überlagerung von zwei Gauss-Strahlen bei unterschiedlichen Überlappungsgraden.

Der Zweistrahlaufbau wurde genutzt, um mit zwei 2 kW-Nd:YAG-Lasern gleichzeitig Härteexperimente durchzuführen. Einige beispielhafte Ergebnisse sind in Bild 4.33 wiedergegeben, während die zugehörigen Prozeßparameter in Tabelle 4.9 zusammengefaßt sind. Zum besseren Vergleich sind die Querschliffe in Bild 4.33 alle im selben Maßstab dargestellt.

Während der Versuche wurde festgestellt, daß sich ein einziger, gemeinsamer Brennfleck ausbildete, wenn sich die beiden parallel angeordneten Strahlflecke um mindestens 50 % überlappten. Die zugehörigen Härtespuren waren dann ebenfalls homogen (Bild 4.33 a, b). Betrug der Überdeckungsgrad hingegen lediglich 25 % oder weniger, dann wurden zwei voneinander getrennte, leuchtende Bereiche unterschieden, die auf zwei separierte Härtespuren hinweisen. Im Ergebnis konnten je nach Vorschubgeschwindigkeit zwei Einzelspuren (bei Geschwindigkeiten von etwa 500 mm/min und mehr) oder bei niedrigen Geschwindigkeiten zwei Spuren mit einer flacheren Verbindungszone festgestellt werden (Bild 4.33 c). In der beschriebenen Weise konnten also leicht breitere Spuren erzeugt werden als mit einem Einzelstrahl. Im Extremfall entstanden allerdings zwei völlig voneinander getrennte Härtezonen, was je nach Anwendungsfall aber auch von Vorteil sein kann.

Durch die parallele Anordnung von zwei Laserstrahlen konnte die Prozeßeffizienz von 15 %, einem für einen einzelnen gaussförmigen Strahl typischen Wert /118/, auf bis zu 20 % gesteigert werden. Dies ergibt sich daraus, daß durch das Seitenverhältnis des elliptischen Strahl-

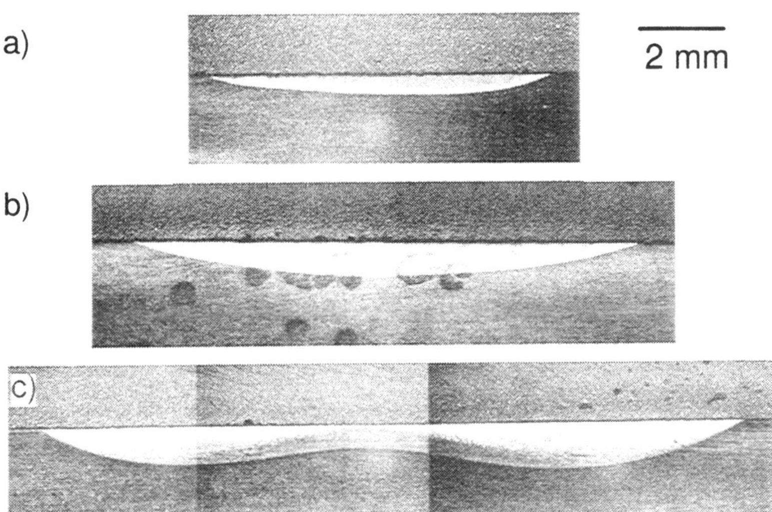

Bild 4.33   Mit zwei parallelen Nd:YAG-Strahlen erzeugte Härtespuren (Prozeßparameter in Tabelle 4.9).

	Fleckdurch-messer	Überlap-pung	Vorschub	Laser-leistung	Spurbreite	Einhärtungs-tiefe
a	10 mm	50 %	2 m/min	3,4 kW	8,3 mm	0,45 RHT 550
b	15 mm	50 %	1 m/min	3,8 kW	12,2 mm	0,55 RHT 550
c	15 mm	25 %	0,5 m/min	3,3 kW	16,5 mm	0,70 RHT 550

Tabelle 4.9:   Prozeßparameter und Resultate der Härtespuren aus Bild 4.33, die in paralleler Anordnung mit der Zweistrahltechnik erzeugt wurden (Werkstoff: C45).

flecks, wie er sich aus der Strahlkombination ergibt, die lateralen Wärmeleitungsverluste im Verhältnis geringer sind. Wurden die Strahlen in Tandemanordnung positioniert, d.h. hintereinander, so ergab sich ein Prozeßwirkungsgrad von 15 %.

4.3.2.2   Aufteilung eines Einzelstrahls zur Nutzung der Brewster-Absorption

An dieser Stelle soll nun ein neues Konzept zur Kombination linear polarisierter Strahlen vorgestellt werden, das es zwar nicht gestattet, die absolute Laserleistung zu erhöhen, dafür aber die effektiv für den Prozeß verfügbare Leistung. Dies ist möglich durch die Nutzung der erhöhten Brewster-Absorption, die bei schräger Einstrahlung linear polarisierten Laserlichts auftritt (siehe auch Abschnitt 2.2). Bisher stand für den Nd:YAG-Laser jedoch keine Möglichkeit zur Verfügung, nach einer Faserübertragung ohne große Leistungsverluste mit linear polarisiertem Licht zu arbeiten.

Der neue optische Aufbau in Bild 4.34 gestattet es hingegen, auch nach einer Faserübertragung

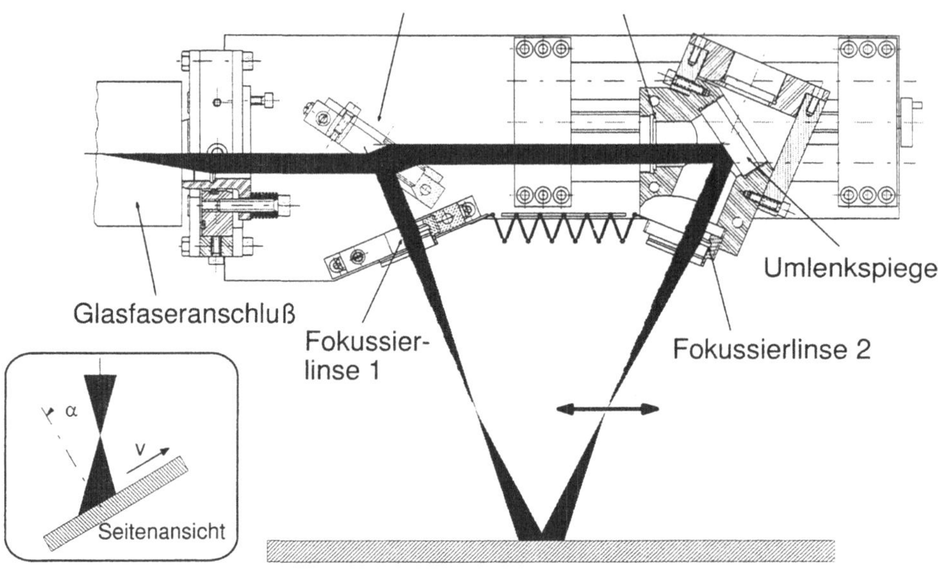

Bild 4.34   Schema der flexiblen Polarisationsoptik.

die Strahlung des Nd:YAG-Lasers nahezu verlustfrei zu polarisieren. Nach dem Austritt aus der Faser wird die völlig unpolarisierte Laserstrahlung zunächst kollimiert. Dann teilt ein Polarisator den Strahl in unterschiedliche Zweige mit jeweils gleichem Energiegehalt aber senkrecht zueinander stehenden Ebenen der Polarisation auf. Die Polarisationsrichtung des transmittierten Strahls wird mit Hilfe einer Verzögerungsplatte (λ/2-Platte) um 90° gedreht. Im Anschluß daran wird dieser Zweig umgelenkt und auf dieselbe Weise fokussiert wie der andere Strahlzweig. In der Arbeitsebene werden die beiden Strahlen, die jetzt dieselbe Polarisationsrichtung aufweisen, wieder überlagert. Die resultierende Intensitätsverteilung wird über den Überlappungsgrad der beiden Strahlflecke eingestellt. Da der Winkel zwischen den beiden Teilstrahlen aufgrund der Charakteristik des Polarisators konstant bleiben muß, erfolgt die Änderung des Überlappungsgrads über eine Linearverschiebung des Umlenkspiegels samt der zugeordneten Fokussierlinse.

Die im Experiment ermittelten Leistungsverluste durch das gesamte eben beschriebene Optiksystem lagen unterhalb von 5 % und befinden sich somit im Bereich der Meßgenauigkeit. Aus diesem Grund kann tatsächlich davon ausgegangen werden, daß die Erzeugung linear polarisierter Laserstrahlung nach einer Faserübertragung ohne nennenswerte Leistungsverluste möglich ist.

Zum Nachweis der energetischen Vorteile bei Nutzung der Brewster-Absorption wurde die Polarisationsoptik im Rahmen von Härteexperimenten getestet. Die Härteergebnisse zeigen, daß bei unterschiedlichen Überlappungsgraden der Prozeßwirkungsgrad dann deutlich erhöht ist, wenn schräg statt senkrecht auf die Werkstückoberfläche eingestrahlt wird (Bild 4.35). Der

Effizienzgewinn durch eine Veränderung der gesamten Strahlfleckbreite auf 40 % wird ebenfalls sichtbar.

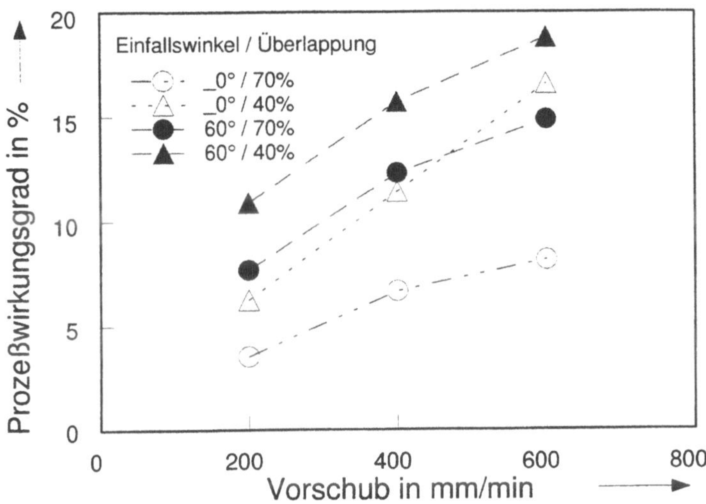

Bild 4.35   Vergleich der Härteergebnisse, die mit linear polarisiertem Laserlicht bei unterschiedlichen Einstrahlwinkeln und Überlappungsgraden erzeugt wurden.

Der Querschliff durch eine Härtespur, die mit 40 % Überlappung erzeugt wurde, weist aufgrund der elliptischen Strahlverteilung eine wannenförmige Struktur auf (Bild 4.36).

Bild 4.36   Querschliff durch eine Härtespur, die durch die Kombination von zwei Strahlen unter Nutzung der Brewster-Absorption erzeugt wurde (Einzelstrahldurchmesser: 4 mm, Vorschub: 600 mm/min, Laserleistung: 585 W, Einstrahlwinkel: 60°, Überlappung: 40 %, Prozeßwirkungsgrad: 18,8 %).

5 Exemplarische Anwendungen

5.1 Bearbeitung von Bauteilen

An dieser Stelle soll nun anhand unterschiedlicher Bauteilgeometrien der Nachweis erbracht werden, daß eine zielgerichtete Strahlformung für die Erzeugung des angestrebten Härteergebnisses vorteilhaft ist. Die vielfältigen Möglichkeiten zur Formung der Leistungsdichteverteilung, wie sie im vorangegangenen Abschnitt ausführlich dargestellt wurden, dienen hierbei als Werkzeug, um das Strahlprofil an die Geometrie der zu härtenden Zone anzupassen. Die exemplarischen Beispiele einer Kante, einer ringförmigen Sitzfläche und einer Bohrungswand sollen dabei lediglich einen kleinen Einblick vermitteln, wie universell einsetzbar der Laser - zusammen mit der geeigneten Strahlformung - für partielle Härteaufgaben ist.

5.1.1 Kante

Ein Beispiel für eine Bauteilgeometrie, die hohe Anforderungen an die Profilierung der Intensität beim Laserstrahlhärten stellt, ist eine 90°-Kante. Die dabei gestellten Anforderungen sind vergleichbar mit denen, die bei der Kompletthärtung von einzelnen Zähnen in Zahnstangen

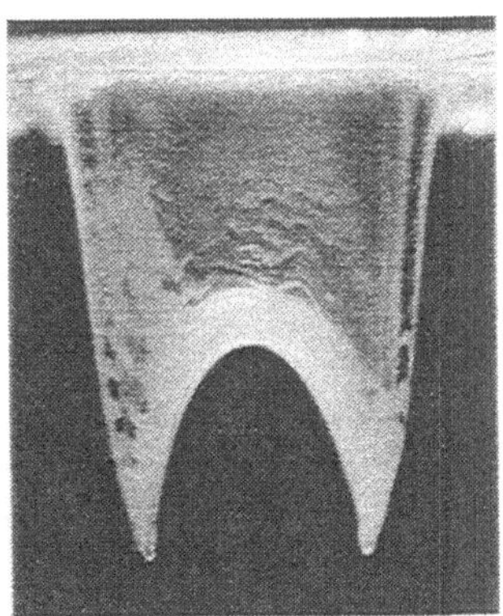 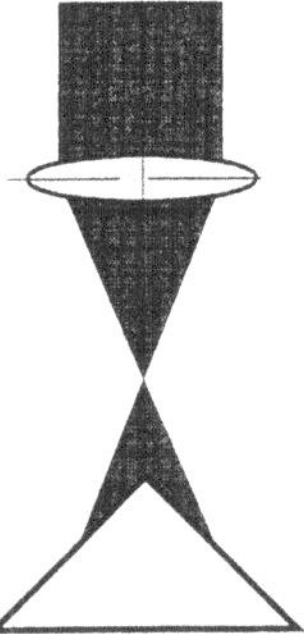

Bild 5.1   Angepaßtes Strahlprofil zum gleichzeitigen Härten beider Seiten einer 90°-Kante.

und Zahnrädern auftreten. Es ist in jedem Fall eine geometrieangpaßte, gehärtete Schicht an beiden Flanken ohne ein Anschmelzen der Kante erwünscht. Mit einer konventionellen Integratoroptik ist dies nur möglich, indem auf jeder Flanke jeweils eine Härtespur erzeugt wird. Dies hat aber den Nachteil, daß die erste Spur beim Legen der zweiten angelassen wird. Wenn der Laserstrahl alternativ dazu in zwei Teilstrahlen aufgespalten wird, können beide Flanken auch gleichzeitig behandelt werden; dafür ist dann allerdings eine speziell entwickelte Optik erforderlich.

Mit der flexiblen Strahlformungsoptik wurde eine Intensitätsverteilung erzeugt, bei der der

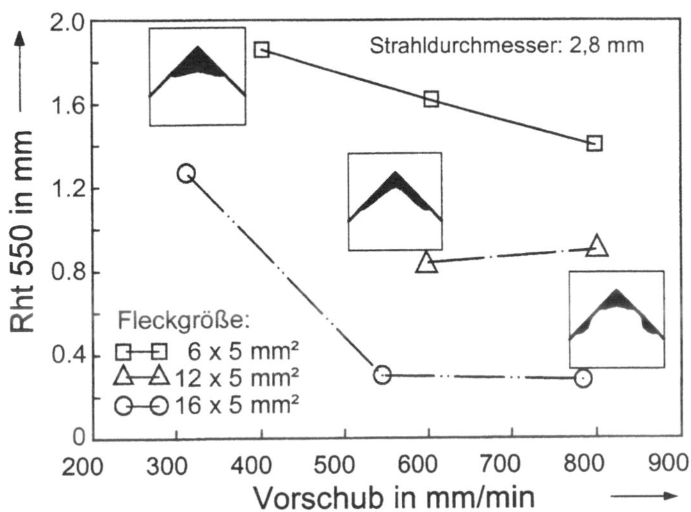

Bild 5.2   Einfluß der Prozeßparameter auf die Ausprägung der Härtezone an einer Kante.

Strahl senkrecht auf die Kante treffen kann. Das Profil wurde so gestaltet, daß die maximale Leistung an den Seiten der Verteilung liegt, während in der Mitte die Leistung niedriger eingestellt wurde, um eine Anschmelzung der Kante zu verhindern (Bild 5.1). Die Optik wurde an einen Roboter montiert, der den Vorschub und die Orientierung für die Kantenbearbeitung erzeugte. Die Härtungen wurden an graphitbeschichtetem Vergütungsstahl C45 vorgenommen. Bild 5.2 zeigt die Grenzenkurven, bis zu denen unterhalb der Kante noch 550 HVT 1 erreicht wurden, Bild 5.3 die zugehörigen Schnitte durch die unterschiedlich gestalteten Härtespuren. Die Variation der möglichen Härteverläufe geht von einer ausgeprägten, tiefen Aufhärtung des direkten Kantenbereichs über eine eher konturangepaßte Härtung bis hin zu drei völlig voneinander getrennten Härtespuren.

5.1.2 Sitzgeometrie

Soll an einer ringförmigen Geometrie eine Härtung angebracht werden, so muß in der Regel eine Härtespur entlang dieser Kontur erzeugt werden, die dann am Spurende mit dem Spuranfang überlappt. Zur Vermeidung der dabei auftretenden Anlaßeffekte sind unterschiedliche Vorgehensweisen denkbar. Ideal wäre die Verfügbarkeit einer ringförmigen Intensitätsverteilung in der Größe des zu härtenden Bereichs, die es gestatten würde, den gesamten Härtebereich auf einmal zu erwärmen, wie es mit dem Axikon möglich ist (siehe Seite 78). In Annäherung an diesen Idealfall kann der Laserstrahl mit einer Oszillatoroptik auch so schnell im Kreis bewegt werden, daß das ringförmige Härteprofil zumindest im zeitlichen Mittel entsteht. Durch den großen Vorschub wird die Härtezone dabei in kurzer Zeit mehrfach überstrichen und somit nahezu gleichförmig erwärmt.

Die beiden gleichwertigen Alternativen zur Bearbeitung einer Sitzgeometrie sollen nun getrennt voneinander betrachtet werden:

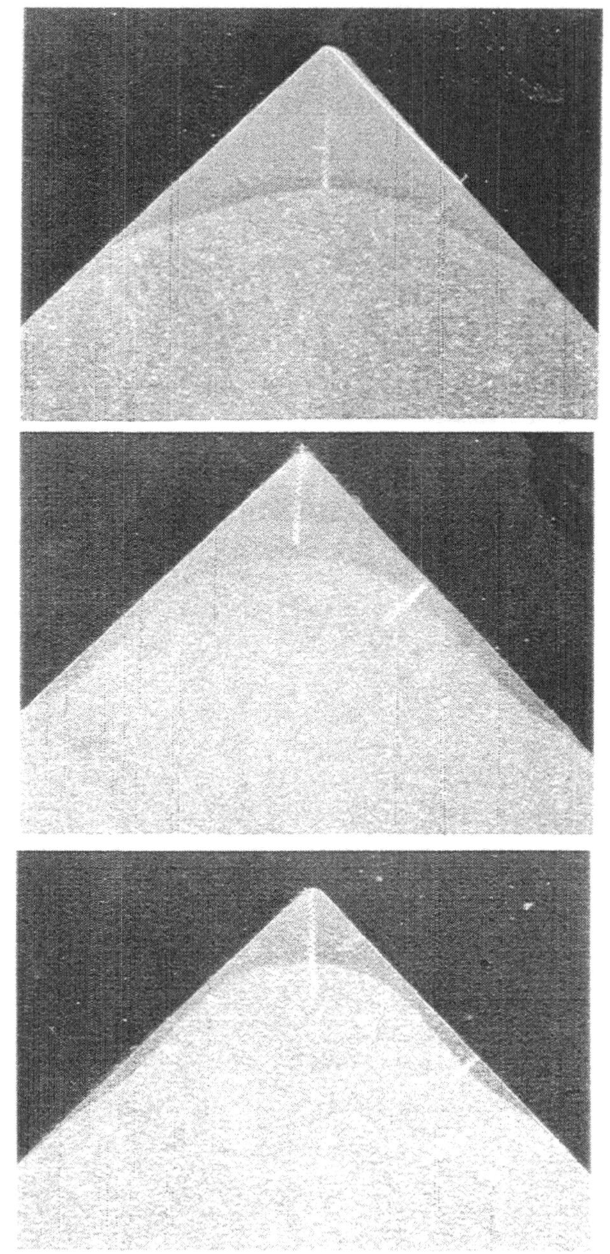

Bild 5.3   Beispielhafte Schliffbilder möglicher Härtezonen an einer Kante.

Standhärtung mit Oszillatoroptik. Beispielhaft für die Bearbeitung einer Sitzfläche wurde ein Kugelsitz in einer Hydraulikkomponente gehärtet (Bild 5.4). Dabei wurde der Laserstrahl mit 300 Hz auf einem Kreis mit dem Durchmesser des Kugelsitzes (7 mm) bewegt (Bild 5.5).

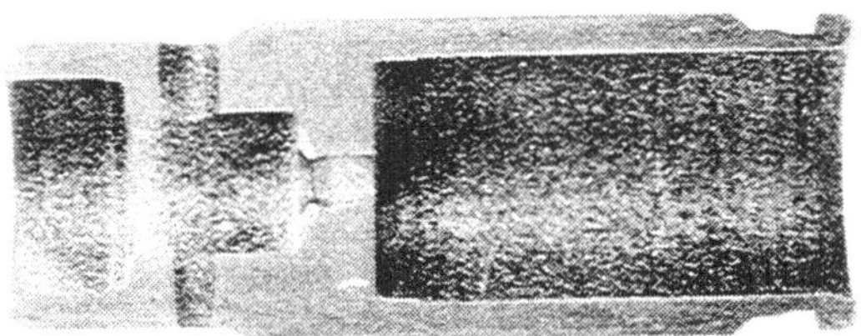

Bild 5.4   Hydraulikkomponente mit zu härtendem Kugelsitz.

Auf diese Weise konnte eine Standhärtung durch gleichzeitiges Erhitzen des gesamten Sitzes vorgenommen werden, ohne das Werkstück selbst bewegen zu müssen. Die Bestrahlungsdauer betrug 0,8 s bei einer Laserleistung von rund 3 kW mit einem CO_2-Laser. Vor der Laserbear-

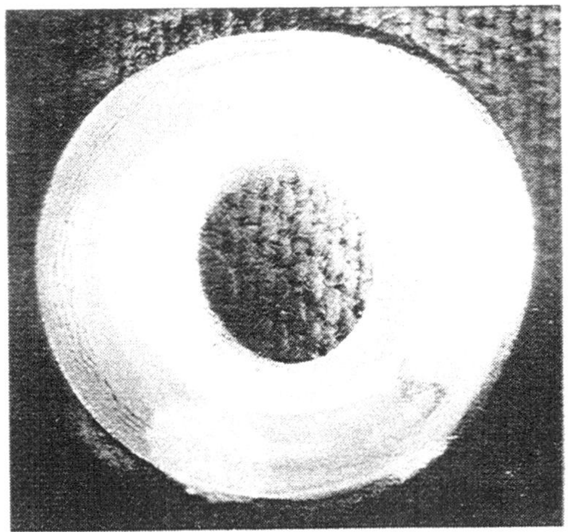

Bild 5.5   Plexiglaseinbrand einer mit der Oszillatoroptik und einem CO_2-Laserstrahl erzeugten ringförmigen Intensitätsverteilung.

beitung war das Werkstück bereits wärmebehandelt worden, so daß die dabei entstandene Oxidschicht zur Absorptionserhöhung diente. Es wurde im Ergebnis eine Spurtiefe von 0,5 mm erreicht (Bild 5.6). Ein Anlassen von zuvor gehärteten Stellen konnte durch den Einsatz dieser Härtetechnik im gesamten Bearbeitungsbereich vermieden werden.

Standhärtung mit Axikon. Mit einem Axikon kann dagegen tatsächlich eine stationäre, ringförmige Intensitätsverteilung erzeugt werden. Als Werkstück für eine beispielhafte Härtebearbeitung wurde ebenfalls eine Sitzgeometrie analog Bild 5.7 gewählt, wobei der innere Bohrungsdurchmesser 3,5 mm und der größere 6 mm betrug. Das Strahlprofil konnte durch eine verbesserte Justage gegenüber dem Profil aus Bild 4.8 homogener gestaltet werden, so daß der Einfluß der Inhomogenitäten eliminiert wurde.

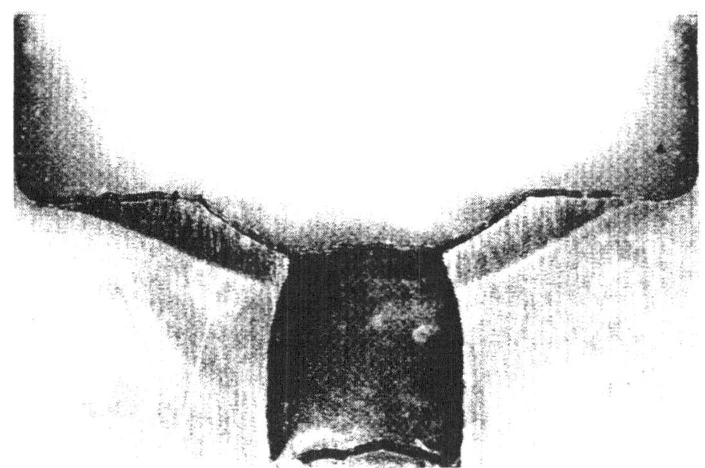

Bild 5.6   Mit der Oszillatoroptik ohne Anlaßzone gehärteter Kugelsitz.

Die Untersuchungen wurden mit fünf verschiedenen Ringgrößen bei Laserleistungen von 400
bis 1100 W durchgeführt. Während die bei den Experimenten erzeugte Härtezone zur Mitte
hin immer durch die zentrale Bohrung begrenzt war, wurde der äußere Radius der Umwandlungszone direkt durch die Größe des jeweiligen Ringprofils bestimmt. Wie Bild 5.8 verdeut-
licht, ist dieser Außenradius für die untersuchten Belichtungszeiten von 0,4 bis 1,4 s
ausschließlich von der Profilgröße abhängig.

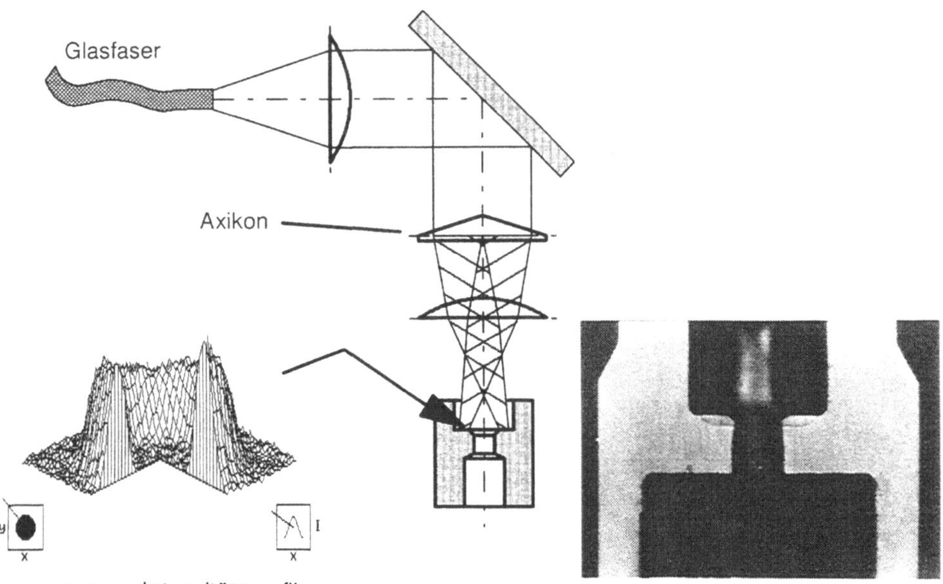

Bild 5.7   Härteoptik für das Axikon mit resultierendem Intensitätsprofil.

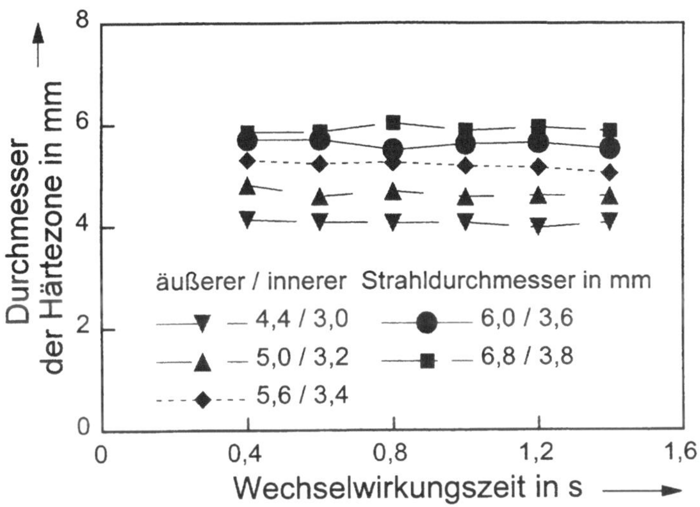

Bild 5.8   Außenradius der erzeugten Ringhärtungen für unterschiedliche Strahlfleckgrö-
              ßen (Ringprofil).

Mit angepaßten Ringgeometrien lassen sich auch bei diesen kleinen Strukturen Spurtiefen von
mehr als 0,6 mm erzielen (Bild 5.9). Dabei ist festzustellen, daß die Wechselwirkungszeit im

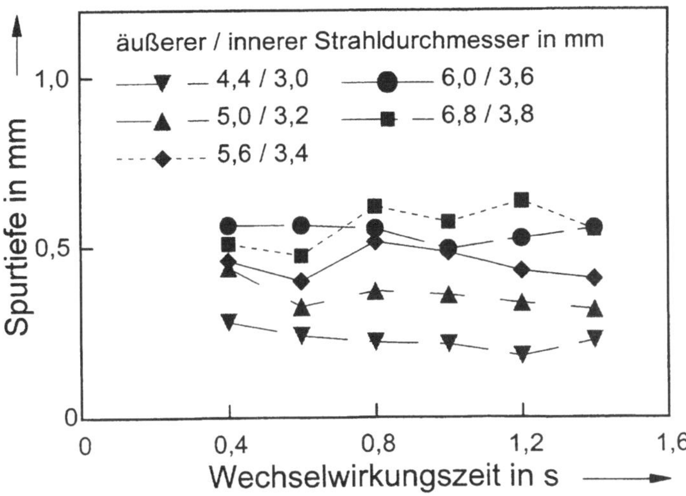

Bild 5.9   Spurtiefen der Härtungen mit einem Axikon.

untersuchten Zeitfenster keinen signifikanten Einfluß auf das Härtungsergebnis zu haben
scheint. Die relativ großen Schwankungen der Ergebnisse bei Belichtungszeiten um 0,5 s sind

darauf zurückzuführen, daß bei diesen kurzen Zeiten und den involvierten hohen Intensitäten von bis zu $6 \cdot 10^3$ W/cm² die visuelle Bestimmung der Anschmelzgrenze äußerst schwierig ist. Im Zweifelsfall wurden eher konservative Leistungswerte eingestellt.

Für die Härtung von ringförmigen Sitzgeometrien wurden zwei unterschiedliche optische Systeme eingesetzt. Beiden gemeinsam war das Erzeugen einer ringförmigen Intensitätsverteilung, die an die Größe der zu härtenden Bauteilgeometrie angepaßt war. Auf diese Weise wurde ein Anlassen aufgrund von Spurüberlappungen im Bereich der Härtezone vermieden. Ferner konnte durch die vollständige Überdeckung von Strahlprofil und Härtezone auf eine Relativbewegung zwischen Optik und Bauteil verzichtet werden. Während mit der Oszillatoroptik der Strahl bewegt wurde, gab es bei der Bearbeitung mit dem Axikon keinerlei bewegliche Teile. Mit dem Axikon ist der Aufbau einer sehr einfachen und robusten Bearbeitungsoptik möglich, während das Oszillatorsystem wesentlich komplexer ist. Dafür sind mit dem Oszillator allerdings auch sehr flexibel andere Intensitätsverteilungen zu erzeugen, was mit dem Axikon nicht möglich ist.

5.1.3   Innenliegende Flächen von Bohrungen

Am Beispiel von zylindrischen Bohrungen sollen die prozeßtechnischen Aspekte einer Innenhärtung betrachtet werden. Je nach Lastfall können axiale oder ringförmige Spuren in das Bauteil eingebracht werden. Bei Bedarf sind auch mehrere solcher Ringspuren nebeneinander möglich, wobei die Stoßstellen der einzelnen Bahnen jeweils versetzt am Umfang angeordnet sein sollten. Darf dagegen an keiner Stelle des Umfangs eine Stoßstelle auftreten, dann kann durch eine geeignete Bahnführung eine spiralförmige Härtebahn mit einer oder auch mit mehreren Windungen erzeugt werden.

Die Hauptschwierigkeit bei der Laserbehandlung von Bohrungswänden besteht darin, die Strahlungsenergie an die gewünschte Stelle zu leiten. Hierzu können zwei Ansätze verfolgt werden: Als einfachste Lösungsmöglichkeit bietet sich die direkte Einstrahlung unter schrägem Einfallswinkel an, wobei dort die erreichbare Bearbeitungstiefe im Bauteil begrenzt ist. Alternativ dazu wurde versucht, durch eine geeignete Strahlformung und eine Strahlumlenkung innerhalb der Bauteilkontur diese Begrenzung der Eintauchtiefe zu umgehen.

Härtung von Bohrungswänden unter schrägem Strahleinfall. Sollen sehr kleine Bohrungen bearbeitet werden, d.h. ab einem Bohrungsdurchmesser kleiner als 5 - 10 mm, so können eintauchende Härteoptiken nicht mehr eingesetzt werden. Bei diesen kleinen Durchmessern wird der Laserstrahl daher schräg von außen eingestrahlt (Bild 5.10). Es hat sich dabei ein Winkelbereich von 45° - 70° als vorteilhaft erwiesen. Mit zunehmendem Einstrahlwinkel vergrößert sich bei gleichem Strahldurchmesser die wirksame Strahlbreite auf der Werkstückoberfläche, was auch eine Verbreiterung der Härtespuren zur Folge hat. Die Behandlungszone kommt dabei im Randbereich der Bohrung zu liegen. Die genaue Lage der Spur hängt dabei vom Bohrungsdurchmesser sowie vom eingesetzten Strahldurchmesser und dem Einstrahlwinkel ab. Der Strahldurchmesser ist durch den Bohrungsdurchmesser begrenzt und sollte maximal 80 % der Bohrung ausfüllen, damit keine Leistungsabschneidungen an den Bohrungsrändern auftreten. Somit ergibt sich als Grenzfallbetrachtung bei maximalem Strahldurchmesser d_L und maximalem Einstrahlwinkel α (< 70°) eine Abhängigkeit des Randab-

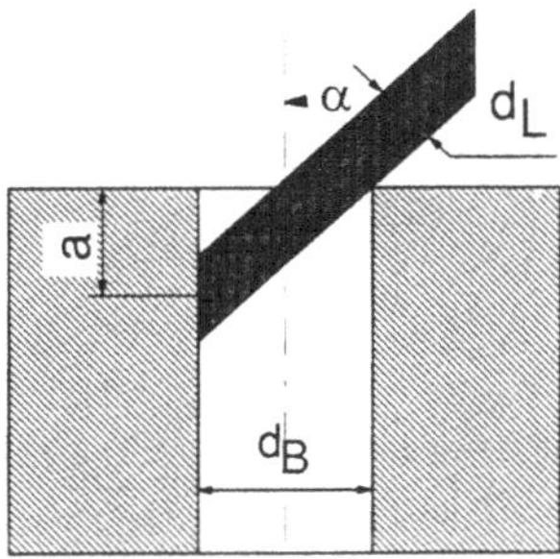

Bild 5.10   Geometrische Verhältnisse bei Härtung von Bohrungswänden unter schrägem Strahleinfall.

standes a der Spurmitte vom Bohrungsdurchmesser d_B:

$$a = \frac{d_B - 0,625 \cdot d_L}{\tan\alpha} = \frac{0,5}{\tan\alpha} \cdot d_B \approx 1,4 \cdot d_B \quad . \tag{5.1}$$

Die zugehörige Spurbreite beträgt das 0,5 - 0,8 fache der Strahlbreite. Bei Bohrungsdurchmessern von 5 mm sind dabei Spurbreiten von mehr als 5 mm, mit Spurtiefen im Bereich von einem halben Millimeter herstellbar. Werden die Spuren in den Bereich des Randes gelegt, so können aufgrund des dortigen Wärmestaus auch Spurtiefen von nahezu 1 mm realisiert werden.

Härtung von Bohrungswänden mit eintauchender Bearbeitungsoptik. Bei größeren lichten Weiten des Werkstücks kann durch den Einsatz einer eintauchenden Bearbeitungsoptik die Beschränkung der Bearbeitung auf randnahe Bereiche aufgehoben werden. Desweiteren kön-

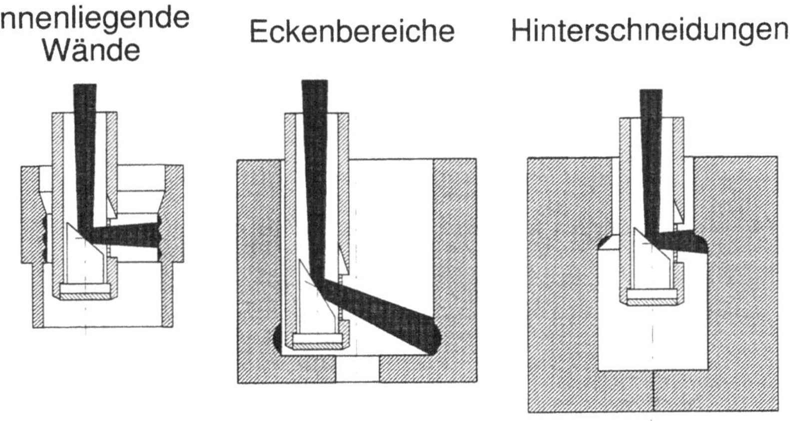

Bild 5.11   Bearbeitungssituationen mit eintauchender Bearbeitungsoptik.

nen damit tief liegende Eckenbereiche und besonders auch hinterschnittene Geometriebereiche gehärtet werden, was mit konkurrierenden Verfahren nicht möglich ist (Bild 5.11, c).

Während des Härteprozesses werden allerdings rund 30 - 40% der Laserstrahlung reflektiert. Bei einer Bearbeitung von Bohrungswänden wird dieser Leistungsbetrag von mehreren hundert Watt nicht nur zurückreflektiert, sondern durch die zylindrische Oberfläche sogar noch fokussiert, was zu einer hohen thermischen Belastung der Optik führen kann. Zur Verringerung der thermischen Last kann durch geeignete Maßnahmen erreicht werden, daß die reflektierte Leistung die Bearbeitungsoptik nicht oder zumindest nicht fokussiert trifft. In Frage kommt zunächst die Anordnung der Bearbeitungsoptik außerhalb des Bohrungszentrums (Bild 5.12, b). Mit einer zusätzlichen Schrägeinstrahlung unter einem kleinen Winkel (Bild 5.12, c) kann erreicht werden, daß der Großteil der reflektierten Strahlung am Optikkopf vorbeireflektiert wird. Ferner ist eine Schrägeinstrahlung in axialer Richtung der Bohrung sinnvoll (siehe auch Bild 5.11, c). Bei einer solchen Anordnung wird die Strahlung praktisch aus der Bearbeitungsebene vollständig hinausreflektiert und kann auf diese Weise den Optikkopf nicht mehr treffen. Die Verzerrung des Brennflecks durch die beschriebene Schrägeinstrahlung ist relativ gering und verschlechtert das Bearbeitungsergebnis nicht.

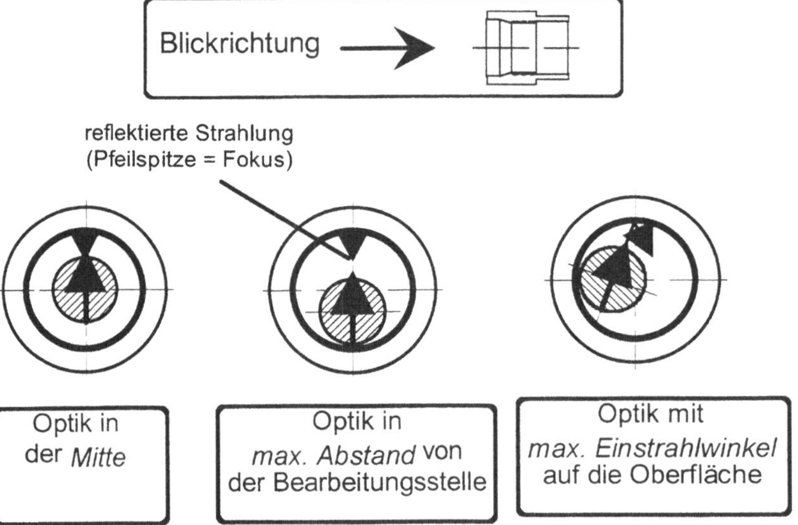

Bild 5.12   Anordnungsmöglichkeiten beim Einsatz einer eintauchenden Optik.

Mit einer einfachen eintauchenden Bearbeitungsoptik wurden Bohrungen mit einem Durchmesser von 10 mm erfolgreich im Innern gehärtet (Bild 5.13), bei Spurbreiten von rund 3 - 4 mm und Spurtiefen von rund einem halben Millimeter. Das eingesetzte optische Konzept bestand aus einer konventionellen 1:1-Abbildungsoptik mit einer anschließenden Kollimation durch eine Plankonvex-Linse der Brennweite 12,5 mm. Auf diese Weise wurde erreicht, daß sich bei einem Außendurchmesser der Optik von 8 mm eine Bearbeitungstiefe, d.h. ein Abstand von Bauteilaußenkontur zur Bearbeitungsstelle, von rund 70 mm ergab.

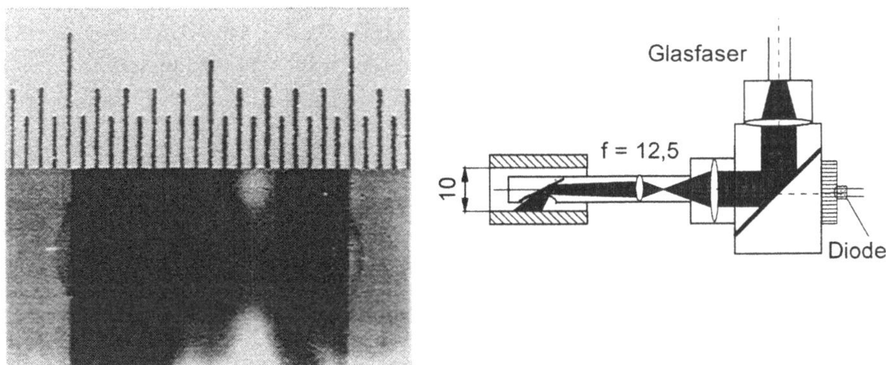

Bild 5.13   Härtezone im Innern einer 10 mm - Bohrung und Schema der eingesetzten
               Optik.

Als weiteres Bearbeitungsbeispiel soll hier eine Hülse mit dem Innendurchmesser 32 mm vorgestellt werden, die aus Gründen der Gestaltfestigkeit auf einer Ringfläche von rund 14 mm
Breite gehärtet werden sollte (Bild 5.14). Zu diesem Zweck wurde die in Bild 4.15 dargestellte
teleskopische Abbildungsoptik durch eine Ablenkeinrichtung ergänzt, die während der Bearbeitung in die zu bearbeitende Hülse eintaucht. Auf diese Weise konnte das Innere der Hülse

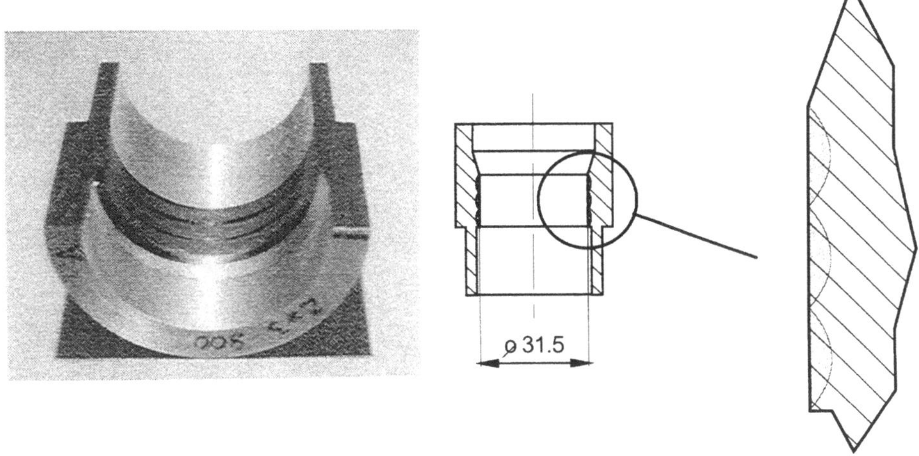

Bild 5.14   Flächenhafte Innenbearbeitung einer Hülse.

mit einem homogenen Strahlprofil bearbeitet werden. Um die geforderte Breite der Härtezone
zu erreichen, war es notwendig, mehrere Spuren nebeneinander anzuordnen. Da Anlaßzonen
in azimutaler Richtung unerwünscht waren, wurde eine Spiralspur mit drei Windungen
gewählt, um diese flächenhafte Härtung durchzuführen. Während der Bearbeitung erwärmte
sich das Bauteil aufgrund der geringen Wandstärke von 5 mm rasch, so daß es zu Anschmel-

zungen kam. Diese Anschmelzungen wurden in der Folge durch eine angepaßte Steuerung der Laserleistung vermieden, wodurch eine homogene Einhärtungstiefe über den gesamten Härtebereich gewährleistet werden konnte (Bild 5.15 und Bild 5.16). Der Härteverzug der Hülsen war äußerst gering. Die Unrundheit lag für alle Hülsen nach der Bearbeitung bei Werten zwischen 2 und 5 µm.

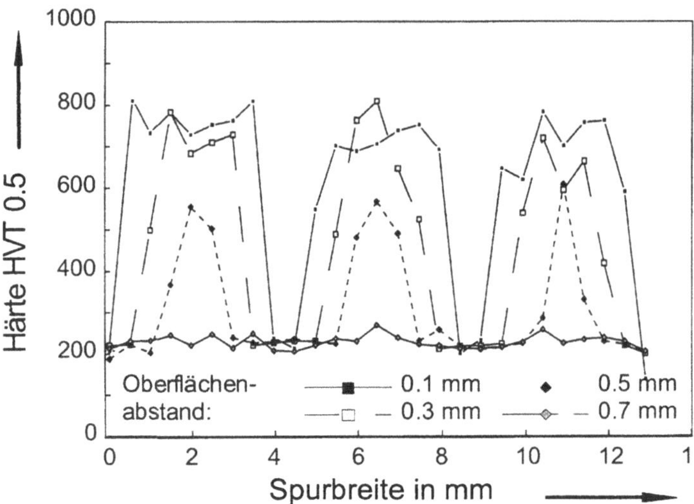

Bild 5.15   Einhärtungstiefe über die gesamte, spiralförmig gehärtete Breite mit 4 mm Strahldurchmesser (v = 600 mm/min; P = 710 ... 580 W).

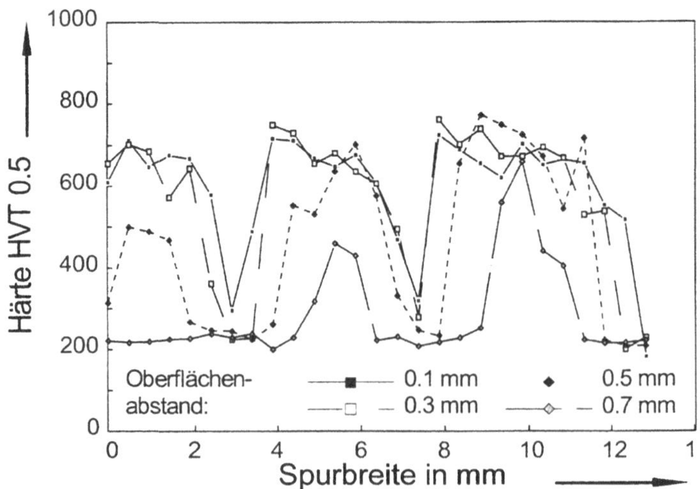

Bild 5.16   Einhärtungstiefe über die gesamte, spiralförmig gehärtete Breite mit 6 mm Strahldurchmesser (v = 600 mm/min; P = 970 ... 820 W).

In einem weitergehenden Schritt ist durch den Einsatz eines Kupferspiegels als letztem Umlenker im Innern des Bauteils die Beobachtung der Bearbeitungsstelle mit einem photothermischen Sensor möglich. Damit ist eine temperaturgeregelte Bearbeitung auch von Bohrungswänden durchführbar. Nachgewiesen wurde die Funktionsfähigkeit einer solchen geregelten Bearbeitung bei der Härtung einer etwas abweichenden Bauteilgeometrie. Zu härten waren an jeder Hülse vier separate Spuren, wobei die Stoßstellen von Anfangs- und Endpunkt einer jeden Spur jeweils um 90° versetzt angeordnet wurden. Bild 5.17 zeigt den Temperatur- und den zugehörigen Leistungsverlauf einer solchen Bearbeitung. Die Leerzeiten zwischen den vier Signalblöcken geben die Positionierbewegungen von Optik und Bauteil wieder, während derer der Laser ausgeschaltet war. Auffällig sind die Schwankungen in der Laserleistung. Diese sind durch die kontinuierliche Aufheizung des Bauteils während der Bearbeitung bedingt, die praktisch vollständig ausgeglichen wird, wie die Temperaturkurve wiedergibt.

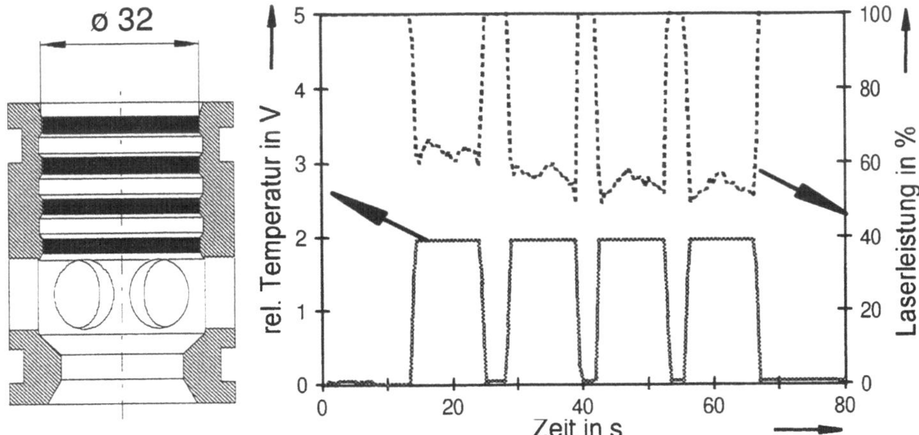

Bild 5.17   Temperatur- und Leistungsverlauf während der temperaturgeregelten Härtung einer profilierten Hülse.

Die Erfahrungen aus den Härtungen von Bohrungswänden führten zu einem Forderungskatalog für eine erweiterte Bearbeitungsoptik für Innenbearbeitungen. Als angepaßtes optisches Konzept wurde dafür ein System aus vier Linsen ausgewählt (Bild 5.18 /120/). Der schließlich realisierte Bearbeitungskopf erfüllt folgende Kriterien:

- Übertragung von mehr als 1 kW bei Eintauchtiefen bis zur 300 mm.

- Außendurchmesser der eintauchenden Optikteile $\leq$ 15 mm, wobei Strahl- und Medientransport innerhalb dieser Begrenzung stattfinden.

- Vergrößerung des Faserendes um den Faktor 6 auf die Bearbeitungsebene.

- Untere Strahlumlenkung wahlweise 90° oder 120° austauschbar.

- Rotationsmöglichkeit des Strahls um beliebige Winkel um die mechanische und optische

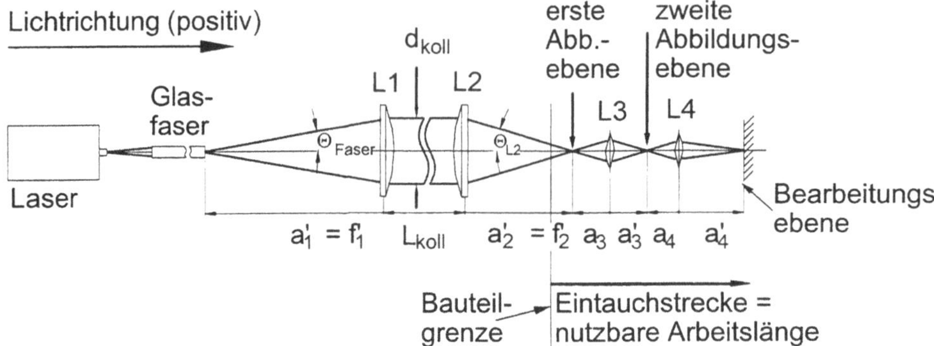

Bild 5.18:   Realisiertes optisches Konzept für die Abbildung des Zylinderprofils für eine
               Innenbearbeitung.

    Achse des Systems (z.B. für Einsatz in Maschine ohne Drehachse).

- Integration einer Prozeßkontrolle auf der Basis von berührungsloser Temperaturmessung.

- Mechanische Abschaltsicherung mit Verknüpfung zum Not-Aus-Kreis der Anlage.

- Integrierte Gas- und Wasserkühlung der thermisch besonders belasteten Linsen 3 und 4 sowie des letzten Umlenkspiegels.

- Querjet vor dem letzten Umlenkspiegel als Schutz vor Verschmutzung.

Die Zusammenbauzeichnung aus Bild 5.19 zeigt die hierfür eingesetzten Komponenten und Baugruppen im Überblick.

Der Test dieser Optik verlief erfolgreich. Die Kühlung der Optik war so effektiv, daß selbst nach der Bearbeitung von Mehrfachspuren und bei langsamer Vorschubgeschwindigkeit im Gegensatz zu vorhergehenden Optikkonstruktionen, die lediglich gasgekühlt wurden, keine merkliche Erwärmung der Optik festgestellt werden konnte. Auch die Prozeßkontrolle funktionierte einwandfrei.

Die geometrische Einsatzgrenze von eintauchenden Optiken kann zusammenfassend wie folgt abgeschätzt und auf die geforderte Spurbreite bezogen werden: Die Breite einer Härtespur beträgt üblicherweise das 0,5 - 1,0 fache des Strahldurchmessers. Zur Vermeidung von Beugungsverlusten müssen die freien Aperturen in der Optik mindestens um den Faktor 1,25 größer als der jeweilige Strahldurchmesser gewählt werden. Außerdem ist noch eine gewisse Materialstärke für das Optikgehäuse zu berücksichtigen und ein kleiner Luftspalt zwischen Optik und Bauteil. Insgesamt muß die lichte Weite einer Bauteilgeometrie also mindestens zwei- bis dreimal so groß gewählt werden wie die zu erzeugende Spurbreite.

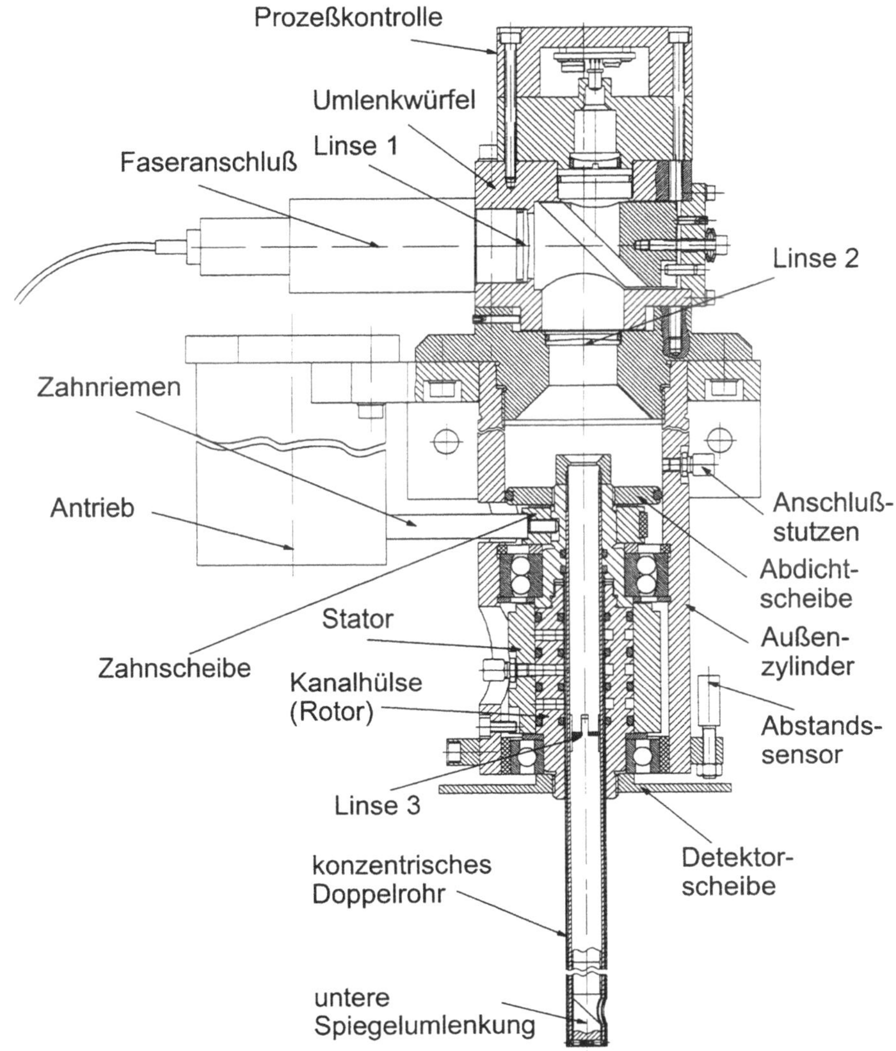

Bild 5.19:   Zusammenbauzeichnung der Innenbearbeitungsoptik für den Robotereinsatz.

5.2 Integration in eine Bearbeitungsmaschine

In den bisherigen Kapiteln wurde die Laserbearbeitung losgelöst von jeglicher Handhabungs-
einrichtung betrachtet. Da jedoch für jede Bearbeitung eine Kinematik zur Generierung von
Bewegungen benötigt wird, ist auch dem Zusammenhang zwischen Laserprozeß und Bearbeitungsmaschine Aufmerksamkeit zu widmen. Aufgrund der relativ unkritischen Anforderungen
des Härteprozesses an die Bahn- und die Positioniergenauigkeit der Maschine ist eine Laser-

strahlhärtung praktisch mit jeder Achskinematik durchführbar. Somit erfordert die Integration der Laserhärtebearbeitung in eine Werkzeugmaschine die Berücksichtigung dreier Aspekte:

- die mechanische Integration der Bearbeitungsoptik,

- die steuerungstechnische Kopplung von Laser- und Maschinensteuerung und

- die Strahlführung zwischen Strahlquelle und Maschine, bzw. auch innerhalb der Maschine.

Die Kommunikation zwischen der Lasersteuerung und der Steuerung der Bearbeitungsmaschine läßt sich über die Verbindung ihrer externen Schnittstellen in der Regel herstellen. Durch das Fehlen einer standardisierten Laserschnittstelle erfordert die tatsächliche Realisierung einer solchen Kopplung in Einzelfällen jedoch unter Umständen einen erheblichen Aufwand. /121/

Zum Transport der Laserenergie von der Quelle zur Bearbeitungsoptik in der Maschine bietet sich für den Nd:YAG-Laser die Lichtleitfaser an. Durch die nahezu beliebige Länge und Biegsamkeit moderner Hochleistungsfasern ergeben sich praktisch kaum noch Einschränkungen beim Transport der Laserenergie von der Quelle bis zur Bearbeitungsoptik. Unterschiedliche Konzepte, wie die Strahlführung innerhalb der Maschine realisiert werden kann, sind in /122/ dargestellt. Im Gegensatz zu den Laser-only-Maschinen, wie sie für CO_2-Laser häufig üblich sind, kann die Strahlung des Festkörperlasers somit in der Regel problemlos auch in eine Standard-Werkzeugmaschine hineingeführt werden, z.B. in eine Drehmaschine zum Härten von Bohrungswänden (Bild 5.20).

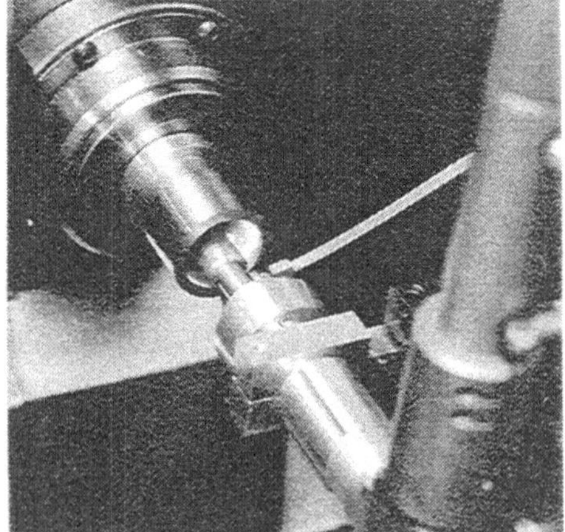

Bild 5.20   Bearbeitungsoptik zum Härten von Bohrungswänden, integriert in ein Drehzentrum mit zwei Revolvern.

Für den Einsatz mit Robotern existieren allerdings auch für CO_2-Laserstrahlung bewegliche Strahlführungssysteme. Diese stellen eine relativ preisgünstige Alternative zu speziellen Laserrobotern mit innenliegendem Strahlführungssystem dar. Bei Standardanwendungen fällt der etwas eingeschränkte Arbeitsraum und die verringerte Zugänglichkeit aufgrund des externen Strahlführungssystems praktisch nicht ins Gewicht. Das externe Strahlführungssystem bietet dafür mit einem Roboter zumindest ansatzweise dieselben Vorteile wie die Strahlführung mit einer Glasfaser.

So wurden die in Abschnitt 4.3.1 beschriebenen Arbeiten zur Prozeßdiagnose und -optimierung mit der Oszillatoroptik auf einer Roboteranlage mit externem Strahlführungssystem durchgeführt. Dies bedeutet, daß die Verfahrbewegung und die Orientierung der Optik bei ruhendem Werkstück durch eine Sechsachskinematik erzeugt wurden. In Verbindung mit der hervorragenden Einstell- und Kontrollierbarkeit des Intensitätsprofils durch Strahlformungsoptik und Thermokamera ergibt sich somit eine äußerst hohe Flexibilität beim Laserstrahlhärten in bezug auf die Bearbeitungsgeometrie und die Bearbeitungsweise (Strahleinfallsrichtung, Vorschubgeschwindigkeit usw.). Es sind also prinzipiell die verschiedensten Werkstückgeometrien auch im dreidimensionalen Raum mit einer einzigen, flexiblen Optik bearbeitbar.

Auf diese Weise konnten an Probewerkstücken nacheinander sowohl ebene Spuren auf verschieden orientierten Flächen, als auch Kanten unter 45° in einer einzigen Aufspannung mit der flexiblen Strahlformungsoptik und dem Roboter bearbeitet werden. Die verfahrenstechnische Machbarkeit des 3d-Härtens mit Roboter konnte also nachgewiesen werden. Der Integration der weiter oben beschriebenen Sitzhärtungen und bereits früher durchgeführter Härtungen unter schrägem Strahleinfall /62, 79/ in das Bearbeitungsprogramm eines 3d-Prozesses stehen keinerlei Einschränkungen entgegen.

Die Bearbeitungsoptik aus Bild 5.19 wurde speziell für den Einsatz an Industrierobotern mit einer eigenen Drehachse ausgestattet, damit auch an großvolumigen Bauteilen partielle Härteaufgaben vorgenommen werden können. Die zusätzliche Drehachse gestattet dabei die Härtung von ring- oder spiralförmigen Spuren auch mit dem Roboter. Der Einsatz der Glasfaser vereinfacht in diesem Fall die Strahlführung.

Wird hingegen eine Laserbearbeitung in eine konventionelle Werkzeugmaschine integriert, so ergeben sich weitere vorteilhafte Aspekte. Zum einen kann durch eine „Umrüstung" mit geringen Investitionen aus einer im Unternehmen bereits vorhandenen Maschine eine „Lasermaschine" mit neuen Aufgaben und erhöhter Produktivität geschaffen werden. Normalerweise bestimmt die Bearbeitungsaufgabe und das zu bearbeitende Teilespektrum die Anforderungen an das Handhabungssystem. Für Standardaufgaben bietet sich eine Anlage mit Linearachsen und eventuell ein oder zwei Rotationsachsen an. Sollen allerdings großvolumige Bauteile an verschiedenen Stellen partiell behandelt werden, so ist unter Umständen der Einsatz eines Roboters vorteilhaft /123/. Bei kleineren rotationssymmetrischen Teilen, die in einer Drehmaschine gefertigt werden, erscheint die Laserbehandlung direkt nach oder während der spanenden Bearbeitung in der Drehmaschine als der günstigste Weg. Auf diese Weise ist eine laserintegrierte Komplettbearbeitung zu verwirklichen, bei der durch die Bearbeitung in einer Aufspannung aufgrund der dann größeren Genauigkeit eine höhere Bearbeitungsqualität realisierbar ist.

Die wesentlichste Randbedingung für die mechanische Integration einer Bearbeitungsoptik in eine Werkzeugmaschiene ist die möglichst effiziente Nutzung des verfügbaren Arbeitsraumes. Sollen bestehende, z.B. spanabhebende Funktionen der Maschine erhalten bleiben, so erhöht sich der konstruktive und mechanische Aufwand entsprechend der zusätzlichen Randbedingungen unter Umständen erheblich. Eine solche Integration wurde mit einer Optik für die Härtung von Bohrungswänden beispielhaft in einer Drehmaschine durchgeführt (Bild 5.20). Dabei wurde mit einer zusätzlichen spanenden Bearbeitung des Werkstücks in der selben Aufspannung auch der Aspekt der Komplettbearbeitung demonstriert. In einem solchen Fall kann durch die Reduktion von Transportwegen und Lagerkapazitäten die Durchlaufzeit von Werkstücken drastisch verringert und somit das gebundene Kapital reduziert werden.

6 Modellbildung und Simulation

Das Bestreben, die Einsatzgebiete des Laserstrahlhärtens zu erweitern, wird oftmals durch die hohen Kosten bei der Optimierung der Prozeßparameter mittels material- und zeitintensiver Versuchsreihen behindert. Zur Erhöhung der Konkurrenzfähigkeit des Laserstrahlhärtens ist es daher unabdingbar, preiswerte und praxisnahe Möglichkeiten zur zuverlässigen Vorhersage des Bearbeitungsergebnisses zu schaffen.

Zur Vorhersage des Ergebnisses von konventionellen Wärmebehandlungen stehen umfangreiche Sammlungen empirisch gewonnener Diagramme zur Verfügung. Der Gültigkeitsbereich dieser Diagramme beschränkt sich jedoch auf ein schmales Band genau definierter Prozeßzyklen, die durch relativ lange Prozeßzeiten (Minuten bis Stunden) bestimmt sind. Die für den Vorgang des Laserstrahlhärtens geltenden Prozeßzeiten (maximal mehrere Sekunden) liegen deutlich außerhalb des Gültigkeitsbereiches solcher Diagramme. Um auch hier zuverlässige Vorhersagen über das Härtungsergebnis machen zu können, müssen die mikroskopischen Umwandlungsvorgänge betrachtet werden, die letztlich zu einer größeren Härte des Materials führen.

Im folgenden wird dazu ein Modell zur rechnergestützten Simulation der Laserstrahlhärtung vorgestellt, in dem die lokale Kohlenstoffdiffusion als wesentlichster Mechanismus bei der martensitischen Härtung für nahezu beliebige Bauteilgeometrien betrachtet wird. Ein wichtiger Aspekt bei der Entwicklung dieses Programmoduls war die Realisierung einer durchgängigen und weitestgehend automatisierten Berechnung der *lokalen Härteverteilung* in Abhängigkeit von der eingesetzten Strahlform. Auf diese Weise kann dem praxisorientierten Anwender ein Werkzeug an die Hand gegeben werden, das ihm am Bildschirm ohne tiefgreifende Kenntnisse der Numerik eine Optimierung der Werkstückgeometrie, der Prozeßparameter und/oder des Fertigungsablaufs erlaubt. Auch die Auswahl des geeigneten Strahlformungssystems wird hierdurch erleichtert.

6.1 Randbedingungen für das Simulationsmodell

Zur Erarbeitung des Simulationsmodells wurden die nachfolgend aufgeführten vereinfachenden Annahmen getroffen, die jedoch nicht prinzipbedingt sind. Der modulare Aufbau des Modells erlaubt es, durch Hinzufügen oder Ersetzen einzelner Komponenten schrittweise den Gültigkeitsbereich zu erweitern.

- Als zu härtendes Material wird untereutektoider Stahl mit einem durchschnittlichen Kohlenstoffgehalt kleiner oder gleich 0,78% angenommen, der als Gemisch aus Ferrit mit 0% und Perlit mit 0,78% Kohlenstoffgehalt angesehen wird (Bild 6.1).

- Der Einfluß von Legierungselementen soll nicht betrachtet werden, daher werden die Materialparameter und -tabellen von unlegierten Stählen zugrundegelegt.

- Nach /7/ wird angenommen, daß der im Eisenkarbid enthaltene Kohlenstoff bei Überschreiten der Ac_3-Temperatur homogen in den ehemals perlitischen Körnern verteilt ist, d.h., daß ab diesem Zeitpunkt mit einer Diffusion zwischen Gebieten ohne Kohlenstoff und Gebieten mit einer homogenen Kohlenstoffkonzentration von 0,78% zu rechnen ist.

- Beim Kornwachstum handelt es sich um einen rechnerisch schwer erfaßbaren Vorgang der Kristallbildung. In /124/ werden zwar verschiedene analytische Ansätze zur Beschreibung kristalliner Wachstumsvorgänge in metallischen Gefügen vorgestellt, sie sollen in diesen Betrachtungen jedoch nicht weiter verfolgt werden. Ein Kornwachstum wird deshalb im folgenden ausgeschlossen.

- Die Bildung unterschiedlicher Martensittypen wie Platten- oder Stäbchenmartensit basiert ebenfalls auf dem Wachstum von Kristallen. Auch der hieraus resultierende Einfluß auf die Härtung soll vernachlässigt werden.

- Der Vorgang der Thermodiffusion wird nicht beücksichtigt.

- Die Erarbeitung des Modells soll für den einfachsten Fall eines Materials mit gleichmäßigem Gefüge und ohne Vorbehandlung durch partielle Kohlenstoffanreicherung erfolgen. Von den drei maßgeblichen Einflußfaktoren auf die Kohlenstoffdiffusion können daher die mittlere Korngröße und der mittlere Kohlenstoffgehalt als konstant innerhalb des Werkstücks angesehen werden (Tabelle 6.1).

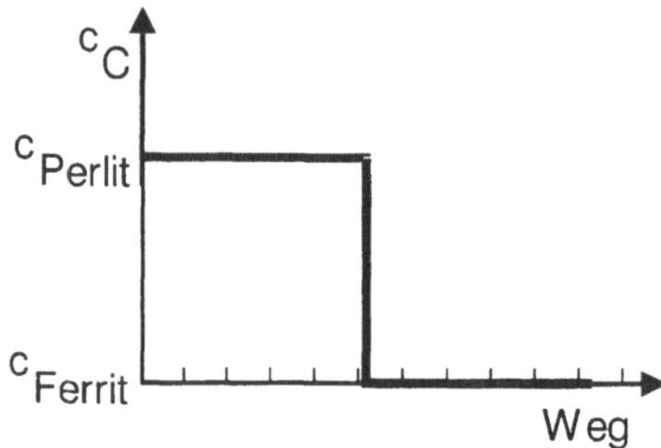

Bild 6.1:   Schematischer, binärer Verlauf der Kohlenstoffkonzentration an der Grenze zwischen einem Perlit- und einem Ferritkorn.

6.2   Wärmeleitungsrechnung

Die im folgenden vorgestellten Ansätze zur numerischen Simulation des Laserhärtens wurden auf einer Workstation IBM RS/6000 Modell 530 H mit128 MB Arbeitsspeicher durchgeführt. Die Wärmeleitungsrechnungen und ein Teil der Diffusionsrechnungen (siehe Abschnitt 6.3) wurden mit dem kommerziellen Finite-Elemente-Programm *FIDAP* 7.0 (Fluid Dynamics Analysis Package) durchgeführt. Alle weiteren Programmbausteine sind in FORTRAN77 geschrieben.

Unter Berücksichtigung der getroffenen Vereinfachungen ist zur Berechnung der martensitischen Härtung nur noch die Kenntnis des zeitlichen und örtlichen Temperaturverlaufs innerhalb des Bauteils erforderlich (Tabelle 6.1). Die lokalen Temperaturzyklen werden in einer

Einflußgröße	Abhängigkeit vom Ort {x, y, z}	
	real	vereinfacht
mittlere Korngröße	$= f(x, y, z)$	$=$ konstant
mittlerer Kohlenstoffgehalt	$= f(x, y, z)$	$=$ konstant
zeitlicher Temperaturverlauf	$= f(x, y, z)$	$= f(x, y, z)$

Tabelle 6.1:   Einflußgrößen des Gefüges auf die Kohlenstoffdiffusion.

makroskopischen Finite-Elemente-Rechnung bestimmt.

Dazu wird die Werkstückgeometrie in einem Finite-Elemente-Netz dargestellt, welches im Bereich der erwarteten Härtungszone engmaschiger gewählt wird. Zur Berücksichtigung der Lasereinstrahlung wird der bestrahlte Bereich der Werkstückoberfläche als Wärmequelle definiert. Proportional zur zeitlich veränderlichen Intensitätsverteilung des Strahls wird die örtliche Quellstärke dieser Wärmequelle zeitlich variiert. Unter Vorgabe der Materialparameter Wärmeleitfähigkeit und Wärmekapazität wird für jeden Netzknoten die durchlaufene Temperaturkurve bis zum Erreichen eines stationären Zustandes im Werkstück berechnet.

6.2.1 Zweidimensionale Bearbeitungssituation

Als einfaches Beispiel für eine Simulation wurde ein rotationssymmetrischer Ventilsitz in einer Hülse aus unlegiertem Stahl mit einem durchschnittlichen Kohlenstoffgehalt von 0,45% gewählt.

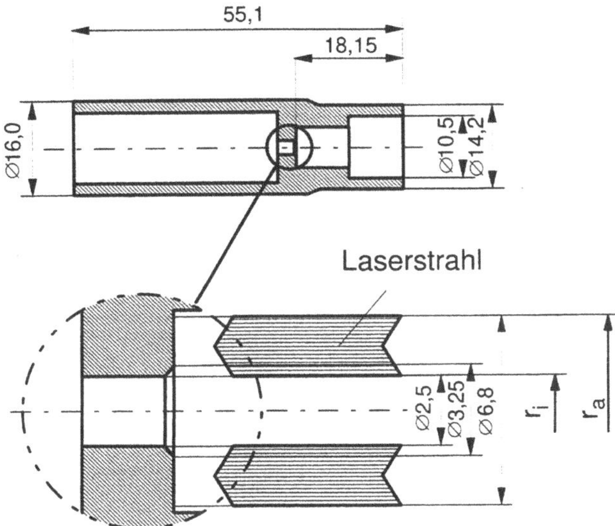

Bild 6.2:   Werkstückgeometrie der Hülse mit Kugelsitz und Strahlabmessungen für die zweidimensionale Beispielrechnung.

Die temperaturabhängigen Werte der Wärmeleitfähigkeit und der spezifischen Wärmekapazität sowie die Dichte für den modellierten Werkstoff C45 wurden /10, 125, 126/ entnommen. Als Energiequelle wurde ein Laserstrahl mit ringförmigem Querschnitt und einer über diesen Querschnitt konstanten Intensitätsverteilung gewählt, wie er grob beim Einsatz des Axikons ermittelt wurde. Wie bereits in Abschnitt 5.1.2 beschrieben, ist in diesem Fall eine Standhärtung möglich. Aus Symmetriegründen ist daher eine zweidimensionale Wärmeleitungsrechnung ausreichend. Angaben zu Bauteil- und Strahlfleckgeometrie sind Bild 6.2 zu entnehmen.

6.2.2   Dreidimensionale Bearbeitungssituation

An dieser Stelle soll ein Prozeß modelliert werden, bei dem eine Relativbewegung zwischen Werkstück und Laser stattfindet. Um für solch eine Vorschubhärtung an einem realen Bauteil die Härteverteilung berechnen zu können, werden alle drei Raumdimensionen benötigt. Bei der Reduzierung auf zwei Dimensionen, die üblicherweise bei rotationssymmetrischen Bauteilen Verwendung findet, läßt sich, wie bereits ausgeführt, lediglich ein komplett bestrahlter Ring modellieren. Außerdem sind bei einer Relativbewegung Werkstück/Laser unterschiedliche Arten der Strahlbewegung auf der Oberfläche des Werkstücks möglich, wie etwa Mehrfach- oder Spiralspuren.

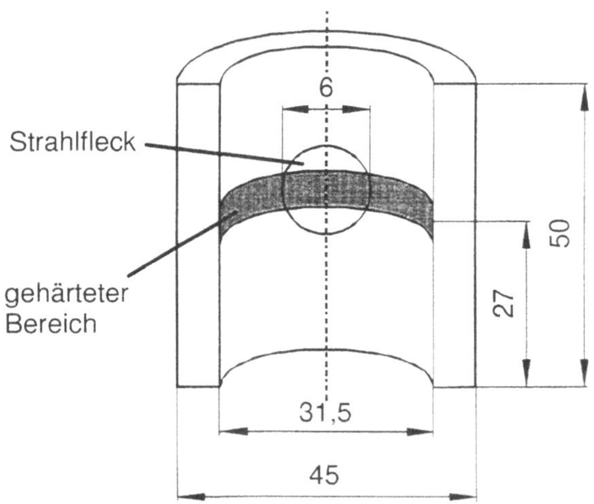

Bild 6.3:   Hohlzylinder   als   Beispielgeometrie   für   die   dreidimensionale Wärmeleitungsrechnung.

Als Modellbauteil wurde ein Hohlzylinder verwendet, bei dem eine Vorschubhärtung an der Innenwand durchgeführt wurde (Bild 6.3). Der Hohlzylinder wurde parametrisiert modelliert, d.h. die gesamten Bauteilmaße wie Innendurchmesser, Außendurchmesser, Bauteilhöhe und Ort der Härtespur werden über Variablen eingegeben. Auch die bestrahlte Fläche sowie die Erwartungshärtetiefe werden mit Hilfe von Variablen festgelegt. Die bestrahlte Fläche berechnet sich im vorliegenden Fall direkt aus der Strahlfleckbreite. Als Erwartungshärtetiefe wird der Radius der Hülse bezeichnet, bis zu dem maximal ein Härteergebnis zu erwarten ist. Das

Bauteil wurde parametrisiert, um das erstellte Modell nicht nur für eine ganz bestimmte Geometrie verwenden zu können, sondern für eine Vielzahl von ähnlichen Geometrien, angefangen von dünnen und langen Rohren bis hin zu dickwandigen Scheiben.

Bei der Diskretisierung der gewünschten Geometrie als Finite-Elemente-Netz zeigten sich schnell die Grenzen der verwendeten Hardware bzw. der erforderlichen Rechenzeit. Der generelle Widerspruch besteht in dem Bestreben, das Rechennetz für eine hohe Genauigkeit an die Bauteilgeometrie anzupassen und besonders die strahlnahen Bereiche so fein wie möglich zu gestalten, wobei jedoch jedes zusätzliche Rechenelement die Rechenzeit erhöht. Mit dem Wunsch, eine gemessene, reale Intensitätsverteilung des Laserstrahls möglichst wirklichkeitsgetreu in den Finite-Elemente-Raum abzubilden, ist eine lokale Netzverfeinerung im Bereich der Quellelemente anzustreben, wie in Bild 6.4 angedeutet ist.

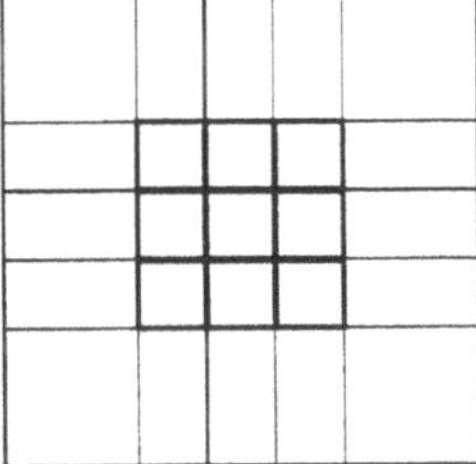

Bild 6.4:   Detailansicht des ersten Finitte-Elemente-Netzes mit Quellelementen (fett) und normalen Rechenelementen.

Nachdem sich bei einem solch einfachen Netz bereits Elementzahlen von über 20000 ergaben, mußte das Netzkonzept verändert werden. Zu diesem Zweck wurden sogenannte Transitionelemente eingeführt, die es ermöglichen, feinere und gröbere Netzbereiche miteinander zu koppeln. In dem in Bild 6.5 ausschnittsweise dargestellten Netz ergab sich damit ein in azimutaler Richtung geschlossener Ring von Quellelementen.

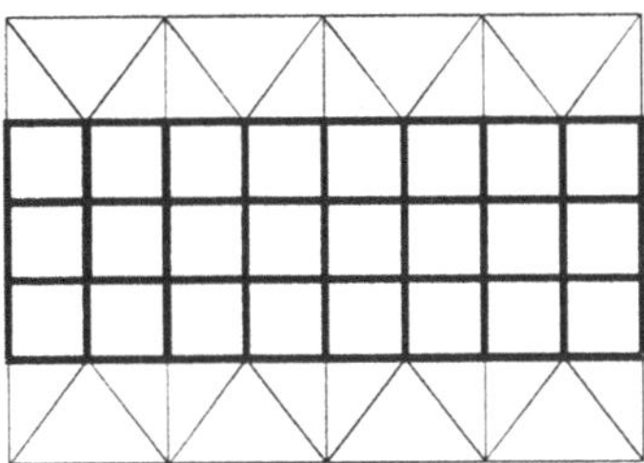

Bild 6.5:   Detailansicht des endgültig realisierten Finite-Elemente-Netzes mit Quellelementen (fett) und Transitionelementen im Übergang zu normalen Rechenelementen.

Mit einer entsprechenden Unterroutine werden nun im Verlauf der Laserbearbeitung die einzelnen Quellelemente mit einer der aktuellen lokalen Laserintensität entsprechenden Quellstärke beaufschlagt, so daß mit dieser Netzmodellierung auch Mehrfach- oder Spiralspuren simuliert werden können.

6.3   Berechnung der lokalen Härteverteilung

Ausgehend von den erhaltenen Temperaturzyklen sollte die mit der gegebenen Wärmebehandlung erzielbare Härtung jedes makroskopischen Netzknotens berechnet werden (Bild 6.6).

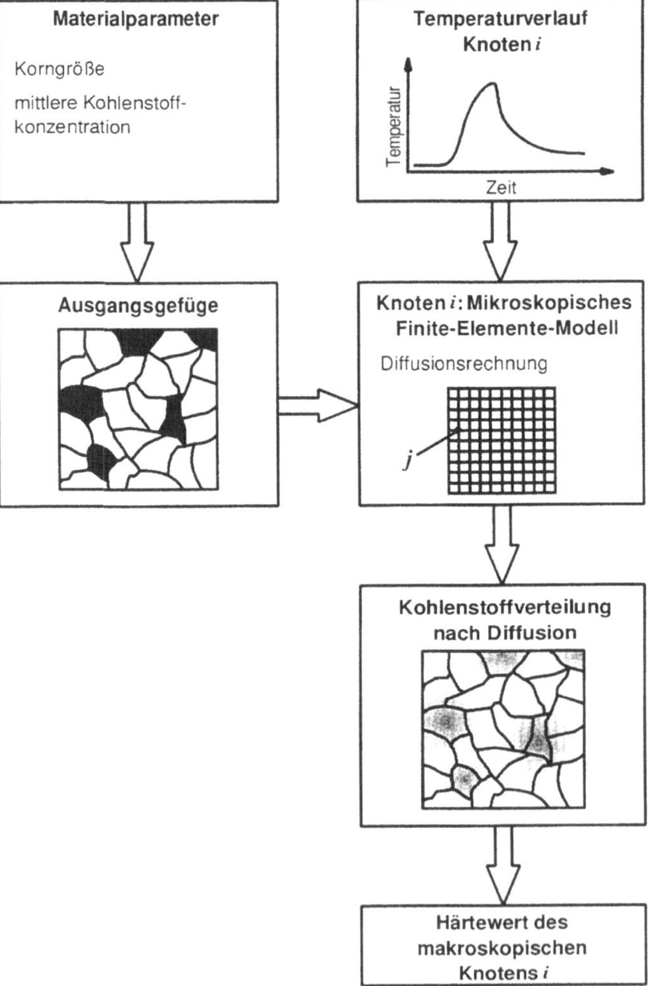

Bild 6.6:   Bestimmung der Härtung des makroskopischenNetzknotens i basierend auf der durchlaufenden Temperaturkurve.

Hierzu wurde das Programmpaket '*diablo*' entwickelt. Darin wird jedem Knoten eine Mikrostruktur in Form eines statistisch repräsentativen Gefüges zugeordnet, in welcher die mikroskopischen Vorgänge beim Härten simuliert werden. Im Gegensatz zu /7, 107/ durchläuft jeder einzelne Knotenpunkt dieser Mikrostruktur denselben Temperaturzyklus, nämlich genau den des zugehörigen makroskopischen Netzknotens, den die Mikrostruktur repräsentiert.

Jede Mikrostruktur kann als abgeschlossenes Gebilde ohne Wechselwirkung zu benachbarten Mikrostrukturen betrachtet werden; sie stellt einen Raum mit möglichen Zuständen des betreffenden Punktes des makroskopischen Netzes bezüglich Kohlenstoffgehalt und Umgebung innerhalb des Gefüges dar. Durch die Berechnung der Diffusion innerhalb dieser Mikrostruktur erhält man also die möglichen Zustände des makroskopischen Netzpunktes nach der Temperaturbeaufschlagung. Unter Berücksichtigung der zugehörigen Abkühlkurve wird für jeden Punkt der Mikrostruktur die erwartete Härte berechnet und daraus, als der statistisch wahrscheinliche Härtewert des übergeordneten makroskopischen Punktes, der Mittelwert aus allen Härtewerten der Einzelpunkte. Bei vorgegebenem Temperaturzyklus teilt sich also die Härteberechnung in die

- Diffusionsrechnung und die darauf aufbauende

- Härtewertberechnung.

Da die Mikrostruktur als Menge möglicher Zustände des zugehörigen makroskopischen Netzpunktes verstanden wird, durchlaufen alle Punkte des mikroskopischen Netzes die gleiche Temperaturkurve, das heißt, es findet keine Wärmeleitung zwischen den Netzpunkten statt. Ebenso haben eventuell vorhandene makroskopische Kohlenstoffkonzentrationsgradienten, wie sie etwa durch Aufkohlen entstehen, keinen Einfluß auf die Kohlenstoffverteilung innerhalb der Mikrostruktur, da dieser keine räumliche Orientierung im makroskopischen Netz zugeordnet werden kann. Vielmehr bewirkt der entstehende Ausgleich eines nichthomogenen makroskopischen Kohlenstoffkonzentrationsprofils eine zeitliche Änderung des durchschnittlichen Kohlenstoffgehaltes der gesamten Mikrostruktur, welche jedoch in der vorliegenden Arbeit vereinbarungsgemäß nicht berücksichtigt wird. Analoges gilt für die Berücksichtigung der Thermodiffusion, die ebenfalls eine zeitliche Änderung des makroskopischen Kohlenstoffkonzentrationsprofils hervorruft.

Vor Beginn der Diffusionsrechnung wird jedem Punkt des mikroskopischen Netzes entsprechend dem gegebenen Ausgangsgefüge ein Kohlenstoffgehalt zugewiesen; im vorliegenden Fall eines rein ferritisch/perlitischen Gefüges also ein Wert von 0% oder 0,78%.

Berechnung der Diffusion in der Mikrostruktur. Die durch Diffusion verursachte zeitliche Veränderung des Kohlenstoffgehaltes wird für jeden Punkt des mikroskopischen Netzes durch Lösen der Diffusionsgleichung

$$\frac{\partial c_C}{\partial t} = \mathrm{div}\left(D \cdot \mathrm{grad}\left(c_C\right)\right) \tag{6.1}$$

unter Verwendung der Temperaturkurve der Mikrostruktur berechnet. Dabei wird der von der Temperatur T sowie der lokalen Kohlenstoffkonzentration c_C abhängige Diffusionskoeffizient D aus einer Tabelle der Form $D = \mathrm{f}(T, c_C)$ entnommen.

Als Startzeitpunkt für die Diffusion wird derjenige Zeitpunkt der Temperaturkurve gewählt,

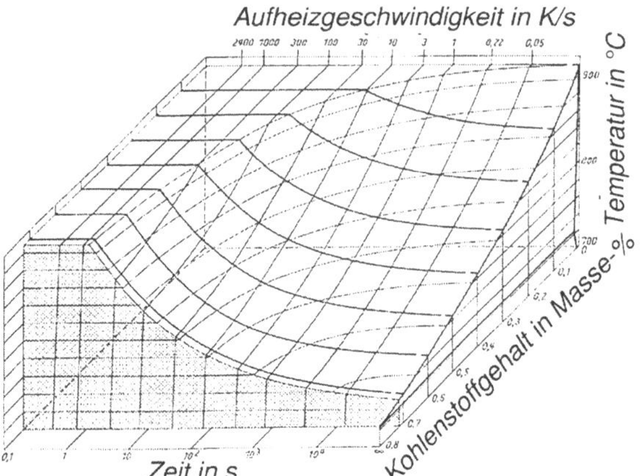

Bild 6.7:   Abhängigkeit der Ac_3-Temperatur von Aufheizzeit und Kohlenstoffgehalt /6/.

bei dem erstmalig die Ac_3-Temperatur erreicht wird. Diese ist sowohl eine Funktion des durchschnittlichen Kohlenstoffgehaltes $c_{C,Material}$ des verwendeten Materials als auch eine Funktion der Aufheizrate bzw. der Aufheizzeit (siehe ZTA-Schaubilder). Nach /6/ stellt sich die Temperaturkurve wie in Bild 6.7 dar; die Aufheizzeit bezieht sich dabei auf eine genau definierte Anfangstemperatur $T_{0, Diagramm}$. Diese entspricht im allgemeinen nicht der Anfangstemperatur $T(t_{0, Aufheizung})$ der berechneten Aufheizkurve. Um den Startpunkt der Diffusion $\{t_{Ac3}, T(t_{Ac3})\}$ bestimmen zu können, wird die Aufheizgeschwindigkeit $\dot{T}_i$ ausgehend vom Startzeitpunkt des Aufheizens $\{t_{0,Aufheizung}, T(t_{0,Aufheizung})\}$ als konstant angenommen (Bild 6.8).

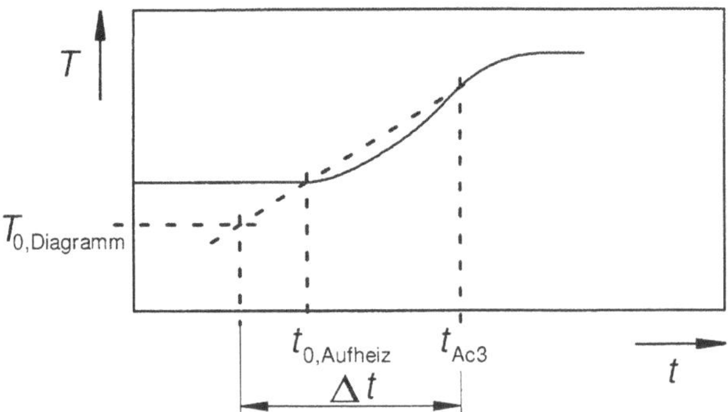

Bild 6.8:   Bestimmung des Diffusions-Startzeitpunktes gemäß $T(t_{Ac3}) = Ac_3\,(\Delta t)$.

Die Berechnung erfolgt dabei iterativ anhand von Gleichung 6.2 bis Gleichung 6.4. Zu diesem Zweck wird die Zeit t_{Ac3} als variabler Wert größer als $t_{0,Aufheizung}$ in Gleichung 6.4 eingesetzt. Mit Hilfe des berechnenten Temperaturverlaufs wird überprüft, ob die zugehörige Temperatur $T(t_{Ac3})$ bereits der äquivalenten Austenitisierungstemperatur $Ac_3(\Delta t)$ aus dem zugeordneten

Diagramm entspricht. Mit der Forderung, daß

$$T(t_{Ac3}) = Ac_3(\Delta t) \tag{6.2}$$

sein soll, und unter der Voraussetzung, daß $\dot{T}$ = const. ist, gilt dann

$$\Delta t = \frac{T(t_{Ac3}) - T_{0,\,Diagramm}}{\dot{T}} \tag{6.3}$$

und

$$\dot{T} = \frac{T(t_{Ac3}) - T(t_{o,\,Aufheizung})}{t_{Ac3} - t_{0,\,Aufheizung}} \;. \tag{6.4}$$

Beim Unterschreiten der Martensitstarttemperatur M_S kommt es - ausreichend schnelle Abkühlung vorausgesetzt - zur Bildung einzelner Martensitinseln, in denen keine Kohlenstoffdiffusion mehr stattfindet. Generell kann davon ausgegangen werden, daß bei Temperaturen unterhalb von M_S die Diffusionsvorgänge kaum mehr einen Beitrag zur Kohlenstoffhomogenisierung liefern. Es wird deshalb vereinfachend die Diffusion ab dem Erreichen der Martensitstarttemperatur des Materials $M_S(c_{C,Material})$ als abgeschlossen angenommen.

Berechnung des Härtewertes der Mikrostruktur. Basierend auf der Abkühlkurve der Mikrostruktur wird der zu erwartende Härtewert jedes Knotens des mikroskopischen Netzes abhängig von seinem Kohlenstoffgehalt nach Diffusionsende berechnet (Bild 6.9). Als Start-

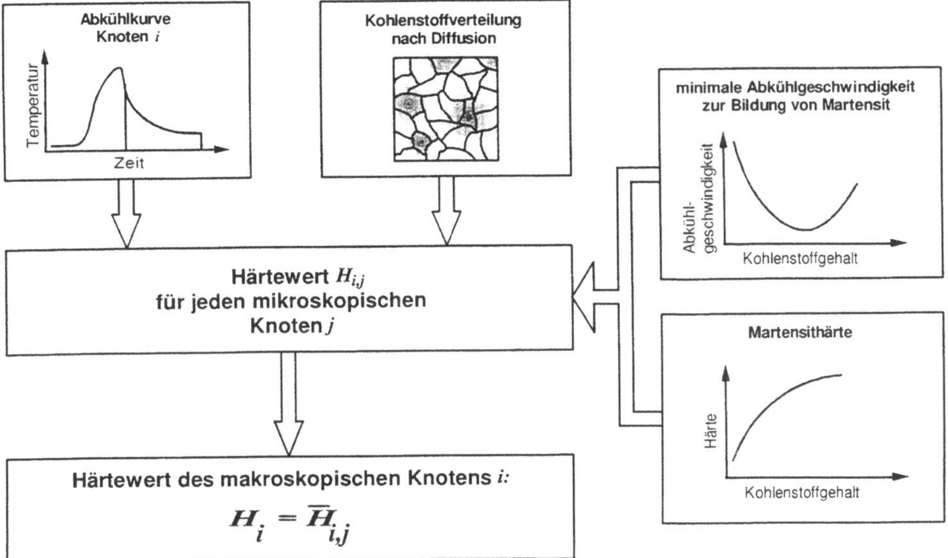

Bild 6.9:   Berechnung des Härtewertes der Mikrostruktur i.

zeitpunkt für die Abkühlung wird der Zeitpunkt $t_{Ac3,\,\infty}$ gewählt, ab dem der gegebene Temperaturverlauf die Ac_3-Temperatur wieder unterschreitet. Dem zugehörigen ZTA-Schaubild wird hierfür der Funktionswert $Ac_{3,\,\infty}$ für unendlich langsame Aufheizung entnommen. Für jeden Knoten j des mikroskopischen Netzes wird die durchschnittliche Abkühlgeschwindigkeit ab $Ac_{3,\,\infty}$ bis zu der lokalen Martensitstarttemperatur $M_{s,j}$ berechnet. Ist diese betragsmäßig größer oder gleich der ebenfalls vom Kohlenstoffgehalt abhängigen kritischen Abschreckgeschwindigkeit $T_{krit,j}$, die zur Bildung von Martensit benötigt wird, so wird die martensitische Härte des Knotens berechnet.

Der Härtewert setzt sich zusammen aus der eigentlichen Martensithärte sowie der Härte des eventuell vorhandenen Restaustenits. Beide sind Funktionen der lokalen Kohlenstoffkonzentration. Der Knoten gilt als zu 100% martensitisch, wenn im weiteren Verlauf der Abkühlung die Martensitfinishtemperatur $M_{f,j}$ erreicht wird, und als zu 100% restaustenitisch, wenn nach Erreichen der Martensitstarttemperatur nicht weiter abgekühlt wird. Liegt die niedrigste erreichte Temperatur zwischen Martensitstart- und Martensitfinishtemperatur, so wird von einem linear von 0% nach 100% anwachsenden Martensitanteil ausgegangen und der Härtewert des Knotens entsprechend als gewichteter Mittelwert aus Martensit- und Restaustenithärte berechnet.

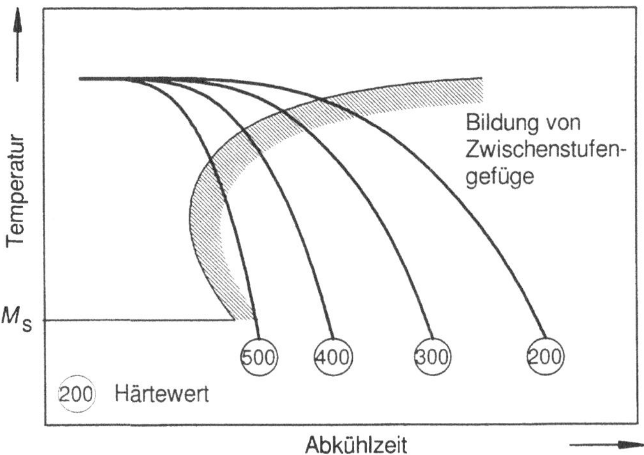

Bild 6.10:   Kontinuierliches ZTU-Schaubild in herkömmlicher Darstellung.

Für diejenigen Netzknoten der Mikrostruktur, die aufgrund einer zu geringen Abkühlgeschwindigkeit keine wollständige Martensitbildung erwarten lassen, wird die Härte des entstehenden Zwischenstufengefüges aus entsprechenden Diagrammen abgelesen. Die üblicherweise hierfür verwendeten Zeit-Temperatur-Umwandlungsschaubilder (Bild 6.10) sind für die Benutzung in Datenverarbeitungssystemen ungeeignet. In der vorliegenden Arbeit werden sie daher in abgewandelter Form verwendet (Bild 6.11). Hierfür wird die durchschnittliche Abkühlgeschwindigkeit für jede angegebene Härtungskurve des zugrundegelegten ZTU-Schaubildes bestimmt.

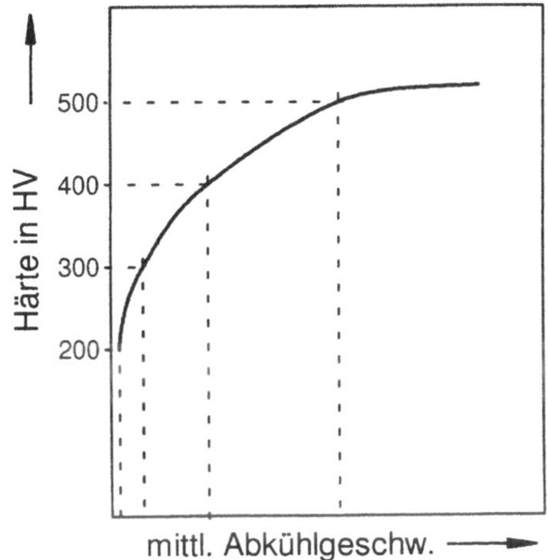

Bild 6.11: Modifiziertes ZTU-Schaubild zur Verwendung im Datenverarbeitungssystem.

Der resultierende Härtewert, d.h. die Verbundhärte, des zugehörigen makroskopischen Knotens ergibt sich schließlich als arithmetisches Mittel der Härtewerte aller Knoten in der Mikrostruktur. Die Bestimmung der für die Simulationsrechnung relevanten Bereiche der Temperaturkurve ist zusammenfassend in Bild 6.12 dargestellt.

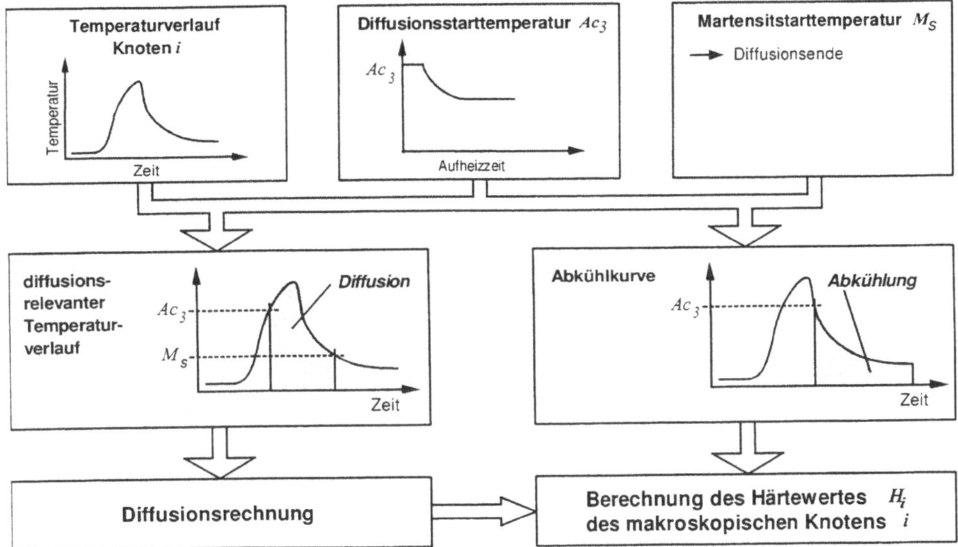

Bild 6.12: Bestimmung der für die Simulationsrechnung relevanten Bereiche der Temperaturkurve.

6.3.1   Zweidimensionale Kohlenstoffdiffusion

Unter Bezugnahme auf /107/ wird auch hier vorausgesetzt, daß aufgrund von Symmetrieüberlegungen die Simulation der Diffusion statt im dreidimensionalen Raum als zweidimensionale Rechnung erfolgen kann. Diese Vorgehensweise reduziert einerseits die Rechenzeit gegenüber einer dreidimensionalen Rechnung, andererseits schafft sie eine direkte Vergleichbarkeit mit den üblichen Schliffbildern von Gefügen.

Jede Mikrostruktur wird als quadratisches Netz diskretisiert, dessen Wände als diffusionsdicht betrachtet werden. Es wird davon ausgegangen, daß durch den fehlenden Materialaustausch über die Wände hinweg kein Fehler in der Diffusionsrechnung in einem homogenen Gefüge entsteht. Als Modell für eine repräsentastive Mikrostruktur kann analog /7, 107/ ein digitalisiertes Gefügebild des interessierenden Werkstoffes gewählt werden, oder die Mikrostruktur wird anhand der gegebenen Randbedingungen manuell erzeugt (Bild 6.13).

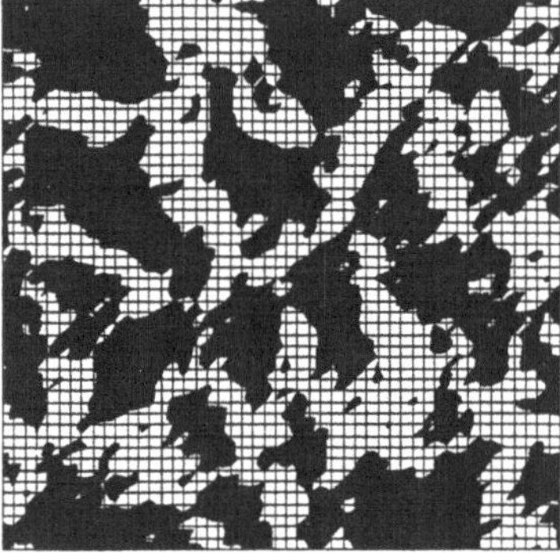

Bild 6.13:   Ausgangsgefüge für die Diffusionsrechnung (links: manuell erzeugt; rechts: digitalisiertes Videobild eines untersuchten Werkstoffs).

Für die Lösung dieses zweidimensionalen Diffusionsproblems wurden ebenfalls die Möglichkeiten des Finite-Elemente-Programms *FIDAP* genutzt. Für jeden makroskopischen Knoten, aufgrund dessen Temperaturgeschichte nach der Wärmeleitungsrechnung eine Werkstoffumwandlung potentiell möglich war, wurde eine Diffusionsrechung mit *FIDAP* gestartet.

Mit den Parametern aus Tabelle 6.2 wurde eine makroskopische Wärmeleitungsrechnung durchgeführt. Darauf aufbauend wurde für die durchschnittlichen Korngrößen 5 µm und 20 µm die Härteverteilung ermittelt. Vergleichend dazu erfolgte in einem weiteren Rechenlauf auch eine Härteberechnung ohne Berücksichtigung der Kohlenstoffdiffusion, d.h. mit angenommener Austenithomogenisierung instantan bei Erreichen von Ac_3. Unter Verwendung des benutzerdefinierten *FIDAP*-Unterprogramms *USRFN* zum Einlesen der Härtewerte wurde das Ergebnis für die Korngröße 20 µm in Bild 6.14 dargestellt.

Für den Vergleich stellt Bild 6.15 die berechneten Härteverläufe entlang eines Schnittes parallel zur Rotationsachse des Ventilsitzes dar. Es zeigt sich, daß bei großen Korngrößen mit einer

Strahlleistung	1700 W
Absorptionsgrad	0,5
eingekoppelte Leistung	850 W
Strahlquerschnitt	$31,4 \cdot 10^{-6}$ m²
eingekoppelte Leistung, flächenspezifisch	$2,6 \cdot 10^{6}$ W/m²
Wechselwirkungszeit	0,8 s

Tabelle 6.2:   Prozeßparameter der zweidimensionalen Beispielrechnung für die Härtung des Kugelsitzes in der Hülse aus Bild 6.2 (makroskopische Rechnung).

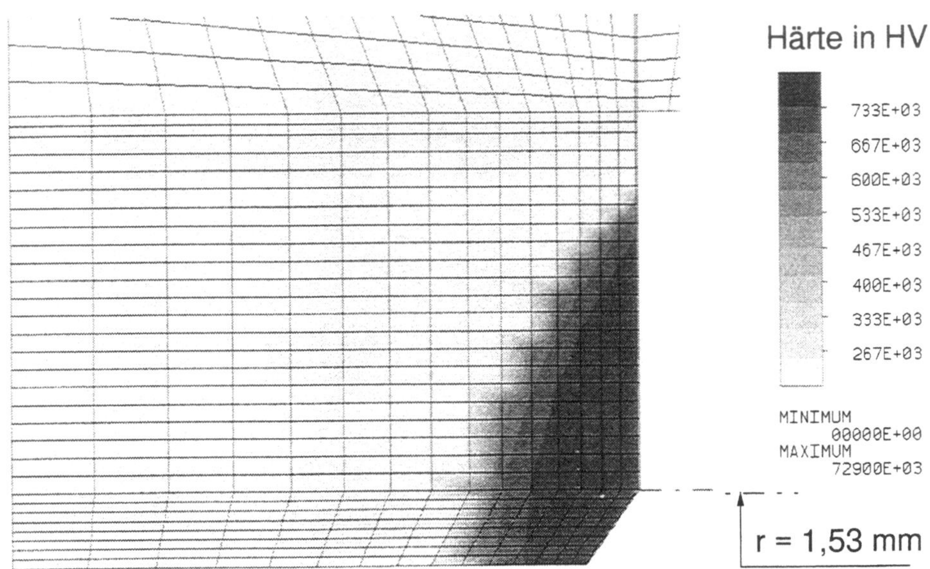

Bild 6.14:   Errechnete Härteverteilung im Kugelsitz für die Korngröße 20 µm.

Abflachung der Härtekurve vom Rand der Härtungszone her zu rechnen ist, das heißt, daß sich hier aufgrund der kurzen zur Verfügung stehenden Diffusionszeit der Kohlenstoff eindeutig nicht mehr homogen im Gefüge verteilen kann. Im Gegensatz dazu zeigt sich kein Unterschied zwischen der Rechnung mit der Korngröße 5 µm und der Rechnung ohne Diffusion, für die die Größe der Körner ja irrelevant ist. Für sehr feinkörniges Gefüge ist es deshalb zulässig, auf die Berücksichtigung der lokalen Kohlenstoffdiffusion zu verzichten, und von einem bei Erreichen von Ac_3 homogen austenitisierten Gefüge auszugehen. Nachdem allerdings die Bearbeitungsparameter für die simulierte Härtebearbeitung bereits optimiert waren, ist davon auszugehen, daß bei weniger günstigen Bearbeitungsbedingungen (Prozeßparameter, Bauteilgeometrie usw.) Einfluß der Korngröße merklich größer ist.

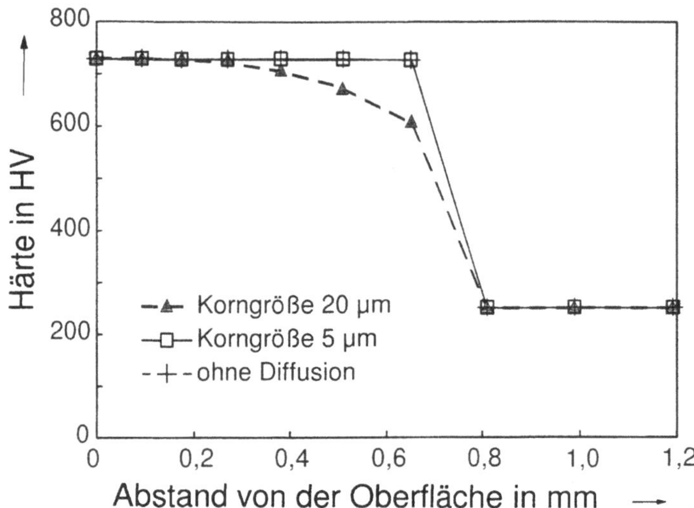

Bild 6.15:   Berechnete Härteverläufe entlang einer achsparallelen Linie im Abstand r = 1,53 mm von der Bauteilachse.

6.3.2 Eindimensionale Kohlenstoffdiffusion

Die Berechnung der Kohlenstoffdiffusion erfolgte im vorangegangenen Abschnitt über eine zweidimensionale Finite-Elemente-Rechnung. Dies beansprucht erhebliche Rechnerressourcen, da bei einer Finite-Elemente-Rechnung für jeden Knoten und jeden Zeitschritt mehrere Iterationen durchgeführt werden müssen. Um die Rechenzeit zu verringern, bietet es sich daher an, die Diffusionsrechnung auf eine Dimension zu reduzieren und bei diesem Rechenteil auf das Programm *FIDAP* zu verzichten. Zu unterscheiden sind dabei die beiden Möglichkeiten

- der linearen Diffusion und

- der kugelsymmetrischen Diffusion.

Gegenüber der zweidimensionalen Rechnung besteht lediglich bei der linearen Diffusion die Gefahr, Ergebnisse mit verringerter Genauigkeit zu erhalten. Bei der kugelsymmetrischen Diffusion hingegen dürfte die Berechnung die Wirklichkeit sogar genauer wiedergeben als im zweidimensionalen Fall, da aus Symmetriegründen implizit alle drei Raumdimensionen in der Rechnung berücksichtigt werden.

Als Eingangsgröße für die Berechnung wird der Verlauf der Kohlenstoffkonzentration binär vorgegeben (Bild 6.1). Anschaulich werden dabei ein Perlitkorn (0,78% C) und ein Ferritkorn (0% C) stellvertretend für das gesamte Gefüge aneinandergefügt. Bei der Berechnung der eindimensionalen Diffusion spielt deshalb die Länge der lokalen Diffusionswege eine wesentliche Rolle. Der Diffusionskoeffizient seinerseits ist temperatur- und konzentrationsabhängig. Bei einer laserinduzierten Kohlenstoffdiffusion ist der Prozeß also von ortsabhängigen Diffusionskennzahlen bestimmt. Solche Prozesse werden allgemein durch parabolische Differentialgleichungen beschrieben:

$$\frac{\partial u}{\partial t} = \frac{\partial}{\partial x}\left(D(x)\frac{\partial u}{\partial x}\right) \ . \tag{6.5}$$

Die numerische Lösung dieser Differentialgleichung kann mit Hilfe der impliziten Methode nach Crank-Nicolson /127, 128/ errechnet werden. Am rechten und am linken Rand des betrachteten Raumes liegt jeweils eine Cauchy-Bedingung vor. Diese beiden Randbedingungen werden ebenfalls nach dem Verfahren Crank-Nicolson berücksichtigt und unter der Annahme approximiert, daß die Funktion $u(x,t)$, die die lokale, transiente Kohlenstoffkonzentration beschreibt, auch außerhalb des betrachteten Intervalls definiert ist, d.h. der Teilchenstrom über die Grenzen Null ist. Damit ist für jeden Zeitschritt ein lineares Gleichungssystem definiert, dessen Koeffizientenmatrix tridiagonal ist (vgl. Anhang C). Diese Matrix kann dann durch einen einfachen Algorithmus /129/ schnell und zuverlässig berechnet werden.

Der Vorteil der impliziten Methode nach Crank-Nicolson ist deren absolute Stabilität, vor allem aber ihre Unempfindlichkeit auf Änderungen der Schrittweite entlang der Zeit- und der Wegachse. Die Zeitachse wird dabei durch die Wärmeleitungsrechnung bestimmt, so daß Anzahl und Größe der Zeitschritte ideal an die Wärmeleitung angepaßt werden können, ohne Rücksicht auf die Diffusionsrechnung nehmen zu müssen. Die nach der Diffusionsrechnung erhaltenen lokalen Kohlenstoffkonzentrationswerte entlang einer Linie werden danach wieder an das Programm '*diablo*' zurückgegeben, das dann damit die einzelnen Härtewerte analog der zweidimensionalen Rechnung ermittelt.

6.3.2.1 Lineare Diffusion

Die eindimensionale, lineare Diffusion ist die einfachste Art der Diffusion. Dabei wird die Diffusion entlang einer Linie berechnet. Um den vorgegebenen durchschnittlichen Kohlenstoffgehalt des Werkstoffs richtig zu berücksichtigen, wird je nach Kohlenstoffkonzentration des Materials die Grenze Ferrit/Perlit, wie in Bild 6.16 anschaulich dargestellt, nach links oder rechts verschoben.

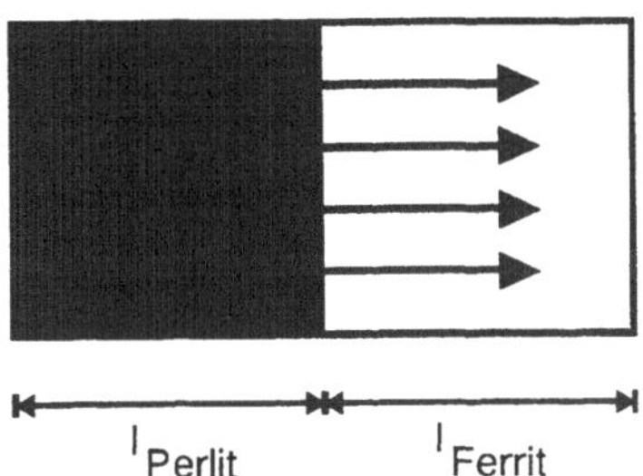

Bild 6.16: Schema der linearen Diffusion.

Es ergibt sich auf diese Weise folgender Zusammenhang:

$$c_C = \frac{l_P}{l_P + l_F} \cdot 0,78 \ . \tag{6.6}$$

Die Länge der Konzentrationsabschnitte l_{Perlit} und l_{Ferrit} beträgt dabei jeweils mindestens die halbe Korngröße:

$$l_P, l_F \geq \frac{\text{Korngröße}}{2} \quad . \tag{6.7}$$

Hierdurch wird sichergestellt, daß die Mindestdiffusionslängen den realen Diffusionswegen entsprechen. Für eine genaue mathematische Herleitung der im Programm benutzten Gleichungen siehe Anhang C.

6.3.2.2   Kugeldiffusion

Die kugelsymmetrische Diffusion findet innerhalb einer Kugel statt, deren Kern aus Perlit besteht. In der Hülle dieser Kugel befindet sich das Ferrit. Der Kohlenstoff des Perlit kann nun nach Überschreiten der Ac_3-Temperatur sternförmig in alle Richtungen diffundieren (Bild 6.17). Die Kugel- bzw. Schalenvolumina werden dabei so gewählt, daß sich analog dem linea-

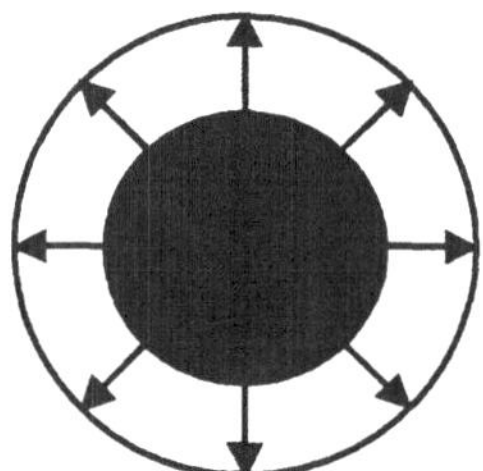

Bild 6.17:   Schema der kugelsymmetrischen Diffusion mit Perlit im Zentrum.

ren Fall in der Summe wieder die mittlere Kohlenstoffkonzentration des Gefüges ergibt. Die Radien müssen jedoch auch hier mindestens die Länge der halben Korngröße betragen. Da die Konzentration lediglich eine Funktion des Radius und nicht der beiden Raumwinkel ist, reduziert sich das eigentlich dreidimensionale Diffusionsproblem ebenfalls auf eine Dimension, so daß sich

$$\frac{\partial u}{\partial t} = \frac{\partial^2 u}{\partial x^2} = \frac{\partial^2 u}{\partial r^2} + \frac{2}{r} \cdot \frac{\partial u}{\partial r} = \frac{1}{r^2} \cdot \frac{\partial}{\partial r}\left(r^2 \cdot \frac{\partial u}{\partial r} \right) \tag{6.8}$$

ergibt. Wird nun noch der Diffusionkoeffizient $D(r)$ eingefügt, so entspricht die Gleichung 6.9 von der Struktur her nahezu der Gleichung 6.5:

$$\frac{\partial u}{\partial t} = \frac{1}{r^2} \cdot \frac{\partial}{\partial r}\left(r^2 \cdot D(r) \cdot \frac{\partial u}{\partial r} \right) \quad . \tag{6.9}$$

Gleichung 6.9 läßt sich folglich einfach numerisch erfassen. Für die genaue mathematische Herleitung der im Programm verwendeten Gleichungen siehe Anhang C.

Der Vorteil der kugelsymmetrischen Diffusionsrechnung gegenüber den beiden anderen vorgestellten Ansätzen besteht also darin, daß sie implizit *alle drei Raumrichtungen berücksichtigt*. Aus Symmetriegründen muß allerdings bei gleichem Informationsinhalt *nur eine Dimension berechnet* werden.

6.3.3   Überprüfung und Bewertung der Härteberechnungen

Für die zweidimensionale, die lineare und die kugelsymmetrische Diffusion wurden Vergleichsrechnungen durchgeführt. Als Ausgangsgeometrie wurde die bereits beschriebene Hülse mit Kugelsitz gewählt. Die absorbierte Laserleistung wurde zu 750 W angenommen, die Grenzhärte für die Bestimmung der Einhärtungstiefe gemäß /3/ zu HV 550. Innerhalb des für die Wärmeleitungsrechnung erstellten makroskopischen Netzes wurden keinerlei Interpolationen vorgenommen, so daß die zugehörige maximale Einhärtungstiefe nur anhand der vorgegebenen Netzknoten - ohne Zwischenwerte - bestimmt wurde. Die Zeitdauer für die Wärmeleitungsrechnung wurde nicht weiter berücksichtigt, da sie für alle drei Diffusionsmodelle identisch war. Die Gesamtrechenzeit bezeichnet deshalb nur die vom Programm 'diablo' benötigte Zeit für die Ermittlung der Härteverteilung nach Abschluß der Wärmeleitungsrechnung.

Der auffälligste Vorteil der Reduzierung der Diffusionsrechnung auf eine Dimension ist sicherlich die Zeitersparnis. Wie in Tabelle 6.3 zu erkennen, ist die Verkürzung der Rechenzeit erheblich. Die Berechnung der Diffusion wird gegenüber dem zweidimensionalen Fall auf weniger als 10% verkürzt. Damit reduziert sich der Anteil der Diffusionsrechnung an der Gesamtrechenzeit von rund 70% auf unter 15%. Der Rest der Gesamtrechenzeit wird für die Aufbereitung der abgespeicherten, knotenbezogenen Temperaturverläufe benötigt.

	zweidimensionale Diffusion	lineare Diffusion	kugelsymmetrische Diffusion
Gesamtrechenzeit	10,6 h	3,7 h	3,7 h
Diffusionsrechenzeit	26704 s = 7,4 h	1869 s = 0,5 h	1843 s = 0,5 h
Rht550	0,88 mm	0,88 mm	0,88 mm
maximal erreichte Härte	729 HV	727 HV	717 HV

Tabelle 6.3:   Übersicht über den Vergleich der untersuchten Diffusionsarten an einer Hülse mit Kugelsitz aus C45.

Die Einhärtungstiefe ist in allen drei Fällen konstant, wobei die maximal erreichte Härte leicht differiert. Der Unterschied zwischen der zweidimensionalen und der linearen Diffusionsrechnung ist dabei jedoch unbedeutend. Die Maximalhärte nach der kugelsymmetrischen Diffusionsrechnung hingegen liegt etwas unter den beiden anderen. Damit liegt sie allerdings zentraler im Bereich des Streubandes zwischen 630 HV und 780 HV, den der Stirnabschreckversuch für C45 gemäß /130/ zuläßt. (Die Umwertung von Rockwell-Härte in Vickers-Härte erfolgte dabei anhand von /131/.)

Ein weiterer Vorteil liegt darin, daß bei der eigentlichen Härterechnung das Finite-Elemente-Programm *FIDAP* nicht mehr benötigt wird. Das spart einerseits Speicherplatz, andererseits werden die Eingabe- und Peripheriedateien, die vorher benötigt wurden, nicht mehr gebraucht. Das reale Problem, daß beim häufigen und wiederholten Einlesen dieser Dateien (bei jeder einzelnen Diffusionsrechnung) Fehler auftreten und die gesamte Härteberechnung abbricht, entfällt somit vollständig.

6.4   Härtung einer Innenkontur - Simulation und Experiment

Mit der Netzstruktur nach Bild 6.5 wurden Simulationsrechnungen durchgeführt. Als Modell-
werkstoff wurde der Vergütungsstahl C45 mit einem mittleren Kohlenstoffgehalt von 0,4%
gewählt. Die Diffusionsrechnung erfolgte auf der Basis der kugelsymmetrischen Diffusion
(Abschnitt 6.3.2). Die mittlere Korngröße wurde mit 5 µm angenommen. Die Prozeßparameter
sind in Tabelle 6.2 zusammengestellt. Als Bauteil diente der Hohlzylinder aus Bild 6.3.

Strahlleistung	1000 W
Einkoppelgrad	0,65
eingekoppelte Leistung	650 W
Strahldurchmesser	6 mm
eingekoppelte Leistung, flächenspezifisch	$2{,}3 \cdot 10^6$ W/m^2
Vorschubgeschwindigkeit	600 mm/min

Tabelle 6.4:   Prozeßparameter der dreidimensionalen Beispielrechnung anhand des
Hohlzylinders aus Bild 6.3 (makroskopische Rechnung).

Als Ergebnis der Simulationsrechnung sind zunächst Schnitte senkrecht zur Achse des Hohlzylinders dargestellt. Die Härteverteilung ist dabei symmetrisch zur Spurmitte. Die sich erge-
benden Kreisringe sind abgewickelt, so daß sich die Dastellung aus Bild 6.18 bis Bild 6.22
ergibt. Die Einhärtungstiefe bleibt über den Umfang allerdings nahezu konstant.

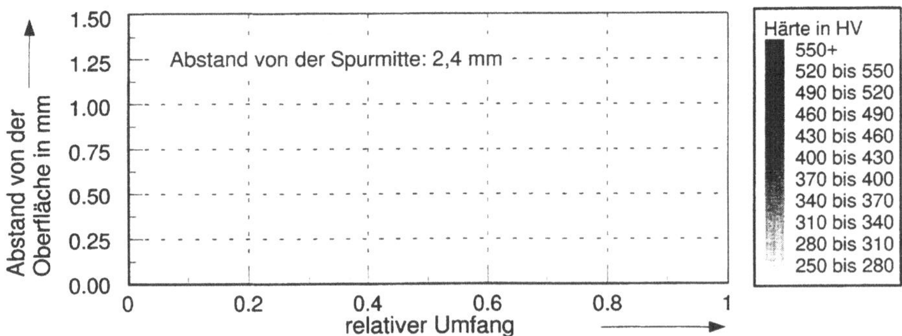

Bild 6.18:   Härteverteilung in einem Schnitt 2,4 mm außerhalb der Spurmitte.

Als weitere Möglichkeit, die Simulationsergebnisse auszuwerten, bietet es sich an, Schnitte
quer zur Härtespur zu legen, um die Einhärtungstiefe und die zugehörige Einhärtebreite zu
ermitteln (Bild 6.23). Der Härteabfall in 2,4 mm bis 1,8 mm Entfernung von der Spurmitte entspricht einer Spurbreite von etwa 0,8 bis 0,6 des Strahlradius bei 6 mm Strahldurchmesser. In
den äußeren Randbereichen des Strahls erfolgte demnach keine Härtung. Bei einer feineren
Auflösung des Finite-Elemente-Netzes ließe sich dieser Bereich genauer eingrenzen, denn im

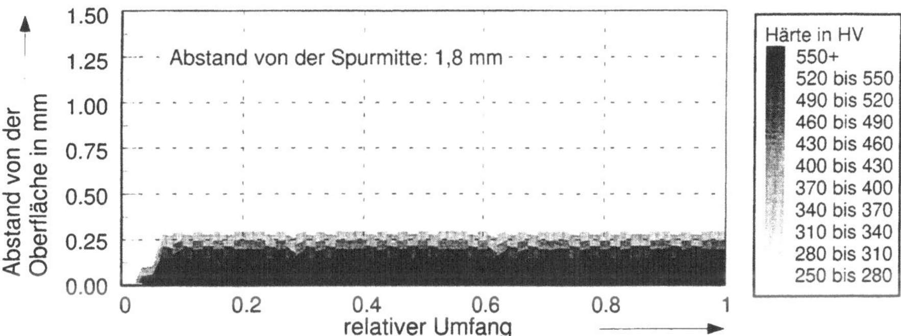

Bild 6.19:   Härteverteilung in einem Schnitt 1,8 mm außerhalb der Spurmitte.

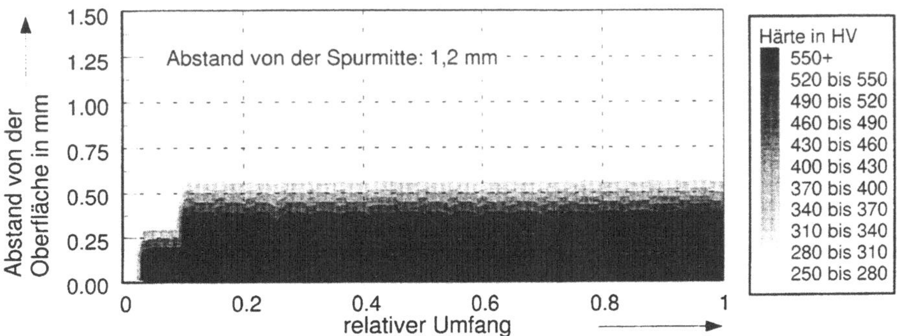

Bild 6.20:   Härteverteilung in einem Schnitt 1,2 mm außerhalb der Spurmitte.

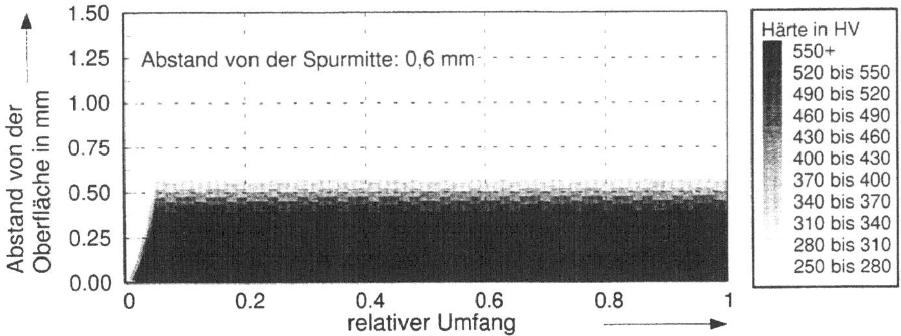

Bild 6.21:   Härteverteilung in einem Schnitt 0,6 mm außerhalb der Spurmitte.

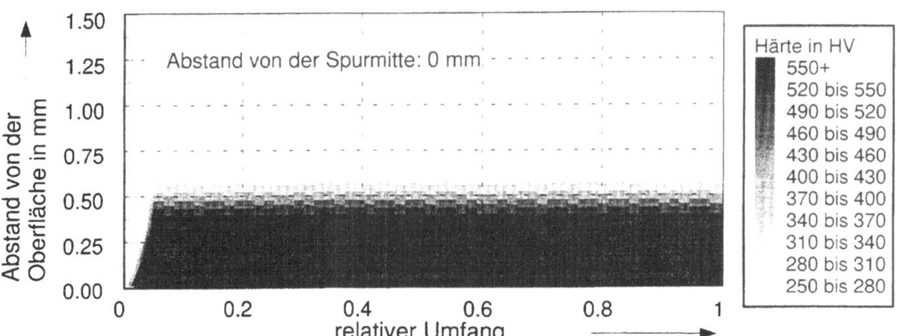

Bild 6.22:   Härteverteilung in einem Schnitt in Spurmitte.

vorliegenden Beispiel wurde die Breite der Härtespur lediglich durch zehn Elemente wiedergegeben.

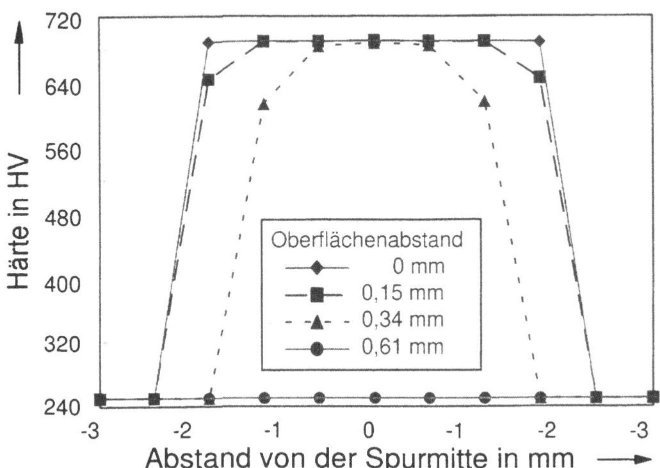

Bild 6.23:   Härteverteilung quer zur Spur aus der Simulationsrechnung (senkrechte Einstrahlung, Strahldurchmesser 6 mm, v = 600 mm/min, P_{einkop} = 650 W (η_A = 65 - 70%, C45).

Der Vergleich mit Bild 6.24, das die Härteverteilung in einer realen Härtespur darstellt, zeigt eine qualitativ sehr gute Übereinstimmung zwischen Simulation und Experiment beim Einsatz vergleichbarer Prozeßparameter. Neben den numerischen Ungenauigkeiten aufgrund der groben Netzstruktur beruhen die quantitativen Abweichungen zwischen experimentellem und berechnetem Härteverlauf - insbesondere bei der Einhärtungstiefe - im wesentlichen auf Unterschieden in

- Strahldurchmesser,

- Strahleinfallswinkel,

- eingekoppelter Leistung und

- Kohlenstoffgehalt.

Die einzelnen Abweichungen für sich gesehen sind jeweils relativ gering. Zusammengenommen ergeben sie jedoch einen Unterschied in der Einhärtungstiefe von etwa 0,3 mm ($Rht550_{Simulation}$ = 0,4 - 0,5 mm im Vergleich zu $Rht550_{Experiment}$ = 0,7 - 0,8 mm).

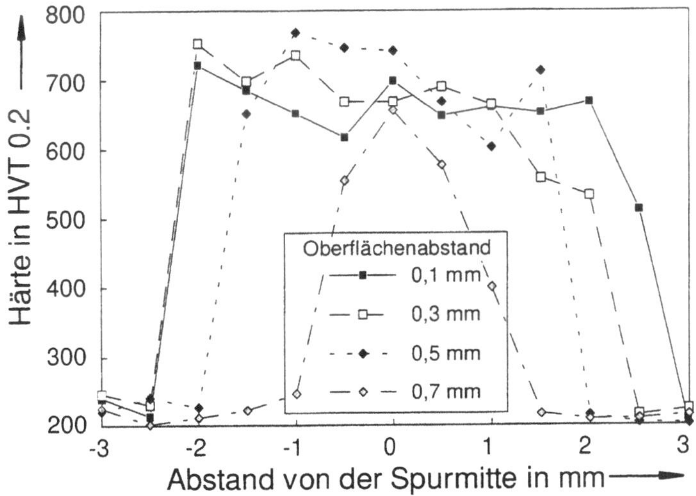

Bild 6.24:   Härteverteilung quer zur Spur aus dem Experiment (Einstrahlwinkel 20°, Strahldurchmesser 6 mm, v = 600 mm/min, P_L = 970 W, Cf 53).

Die experimentell erreichte Spurbreite aus Bild 6.24 deutet an, daß der reale Strahldurchmesser größer als 6 mm war. Durch die größere Spurbreite ergibt sich wegen der geometrischen Ähnlichkeit der Spurgeometrie automatisch eine größere Einhärtungstiefe. Ebenso nimmt dadurch die Wechselwirkungszeit zu und damit die verfügbare Zeit für das Aufheizen und das Austenitisieren insbesondere in größeren Materialtiefen. Die Wechselwirkungszeit erhöht sich darüberhinaus, weil aus prozeßtechnischen Gründen der Laserstrahl unter 20° schleppend zur Vorschubrichtung eingestrahlt werden mußte. Dies führt zu einer elliptischen Verzerrung des Strahlflecks auf der Werkstückoberfläche und damit zu einer längeren Betrahlung der einzelnen Oberflächenelemente. Den größten Unsicherheitsfaktor dürfte jedoch die Menge der eingekoppelten Laserleistung darstellten. Ausgehend von den Erfahrungswerten aus Bild 2.5 wurde für die Simulationsrechnung ein Einkoppelgrad η_A von 65 - 70% angenommen. Aufgrund der Ergebnisse ist jedoch anzunehmen, daß im Experiment mehr Leistung in das Werkstück eingekoppelt und damit eine höhere Oberflächentemperatur erreicht wurde. Die höhere Oberflächentemperatur führt natürlich direkt zu einer beschleunigten Austenitisierung und somit zu einer größeren Einhärtungstiefe. Von sehr geringem Einfluß dürfte sein, daß sich der

Kohlenstoffgehalt des modellierten (C45) und des im Experiment eingesetzten Werkstoffes (Cf53) voneinander unterschieden. Dieser Einfluß äußert sich im wesentlichen in der unterschiedlichen Maximalhärte.

Trotz der eben angeführten Unzulänglichkeiten ist die Übereinstimmung zwischen Simulation und Experiment deutlich. Die Vorhersage der Bearbeitungsergebnisse durch eine Simulation ist im Rahmen der derzeitigen Rechengenauigkeit befriedigend möglich. Eine Verbesserung der Resultate ist durch den Einsatz leistungsfähigerer Rechner zu erwarten, wie er zu diesem Zweck derzeit im SFB 374 in Vorbereitung ist.

6.5   Prozeßsimulation für Konstruktion und Fertigung

Das fertigungstechniche Potential des Lasers und insbesondere die vielfältigen Möglichkeiten einer laserintegrierten Maschine können umso gewinnbringender genutzt werden, je früher die Laserbearbeitung bei der Konstruktion der Werkstücke und bei der Planung des Fertigungsablaufs berücksichtigt wird. Um dieses Ziel zu erreichen, müssen bei Konstruktion und Fertigungsplanung möglichst präzise Informationen über den Laserbearbeitungsprozeß bereitgestellt werden, die eine Abschätzung der Machbarkeit, der Kosten und der Dauer der Bearbeitung ermöglichen. Der Informationsverarbeitung kommt daher eine besondere Bedeutung bei der effizienten Nutzung des flexiblen Werkzeugs Laser zu. Hier zeichnet sich eine weitreichende Unterstützung durch rechnergestützte Systeme ab, die nicht nur zum Computer Aided Engineering (CAE) sondern auch von der Konstruktion bis hin zur Arbeitsvorbereitung gleichermaßen und damit effizient genutzt werden können.

Bei der experimentellen Prozeßoptimierung im Ablauf von Versuch, metallographischer Analyse und Konstruktionsänderung entsteht ein großer Zeit- und Kostenaufwand. Eine numerische Simulation des Laserhärtens kann dagegen schon in der Konstruktionsphase oder bei der Planung der Bearbeitungsfolgen Machbarkeit und Qualitätstendenzen sehr zeitsparend aufzeigen und frühzeitige Entscheidungen ermöglichen.

6.5.1   Kopplung zwischen CAD und Finite-Elemente-Programm

Wie in den vorangegangenen Abschnitten beschrieben, basiert das vorgestellte Simulationsmodell auf der Berechung der zeitlichen und räumlichen Temperaturverteilung im Bauteil. Hierfür wird das kommerzielle Finite-Elemente-Paket *FIDAP* genutzt. Als Basis für die Berechnungen muß jede Werkstückgeometrie in ein Finite-Elemente-Netz abgebildet werden, das außerdem an die Bearbeitungsaufgabe angepaßt sein muß. Hierfür ist das Werkstück innerhalb des Finite-Elemente-Systems im Prinzip ein zweites Mal von Grund auf neu zu konstruieren. Dieser Arbeitsschritt ist unter Umständen äußerst zeitraubend und stellt ein schwerwiegendes Hindernis bei der Nutzung der Härtesimulation dar.

Um die Zeitdauer bis zur Erstellung des Finite-Elemente-Modells zu verkürzen, wurde das Simulationsprogramm mit dem CAD-System *CATIA* verbunden, das besonders in der Automobilindustrie weit verbreitet ist. Als Schnittstelle diente hierbei der in *CATIA* integrierte Finite-Elemente-Modeler. Ausgehend von einem Geometriemodell innerhalb *CATIA*s wurde der Finite-Elemente-Modeler benutzt, um das Finite-Elemente-Netz und die Eingabedatei für die Temperaturrechnung zu erzeugen. Dabei wurden interaktiv alle Prozeßgrößen und Steueranweisungen für die Simulationsrechnung abgefragt. Dadurch daß der Benutzer durch das System geführt wird, vereinfacht sich die Generierung des Finite-Elemente-Netzes erheblich, da die Eingaben nicht in dem komplexen Finite-Elemente-Code erfolgen müssen. Die Laserparameter werden in einem separaten Datensatz abgespeichert, der zum Zwecke der Prozeßoptimierung jederzeit leicht modifiziert werden kann. Der gesamte Ablauf der Simulation kann dann wie in Bild 6.25 zusammengefaßt werden.

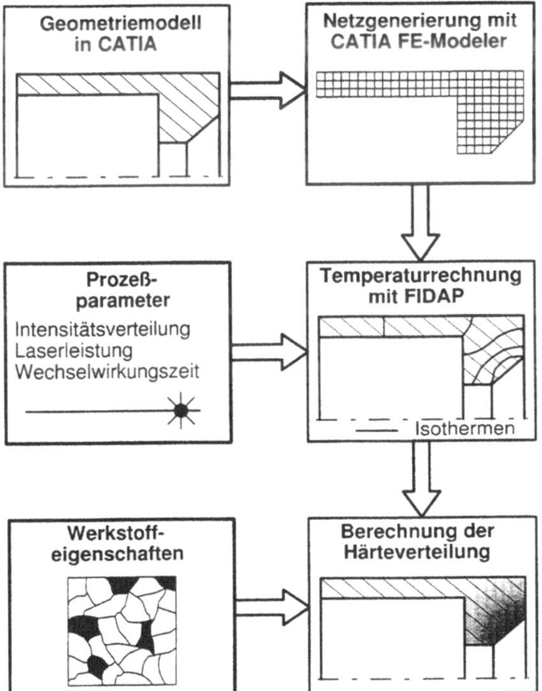

Bild 6.25:   Ablauf einer CAD-gekoppelten Simulationsrechnung.

6.5.2 Parameterstudien in Simulation und Experiment

Der Verlauf einer Parameterstudie /132/ soll an der bereits in Bild 6.2 vorgestellten Hülse mit Kugelsitz demonstriert werden. Es sollte wiederum die Sitzfläche mit Hilfe einer ringförmigen Intensitätsverteilung gehärtet werden. Im Experiment wurde hierzu die in Abschnitt 4.2.1.5 beschriebene Axikonoptik verwendet. Ziel der Studie war es, die für die Bearbeitung günstigsten Dimensionen der eingesetzten Intensitätsverteilung sowie die vorteilhaftesten Prozeßparameter zu ermitteln. Die zum Vergleich off-line durchgeführten Simulationsrechnungen berücksichtigten ebenfalls verschiedene Intensitätsverteilungen (Tabelle 6.5) mit unterschiedlichen Innen- und Außendurchmessern.

Profilnummer	r_i in mm	r_a in mm
1	1,25	3,4
2	1,625	3,4
3	1,625	2,5

Tabelle 6.5:   Abmessungen der für die Simulation verwendeten ringfömigen Strahlprofile gemäß Skizze in Bild 6.2.

Da durch die geometrischen Gegebenheiten keine Relativbewegung zwischen Werkstück und Laserstrahl erfolgen mußte, waren neben den Abmessungen der Intensitätsverteilung lediglich die Wechselwirkungzeit und die Laserleistung zu berücksichtigende Prozeßparameter. Dennoch bleibt die Lösung dieser Optimierungsaufgabe ein Multiparameterproblem, das ohne Rechnerunterstützung nur aufwendig zu lösen ist. Die im Experiment eingesetzte Intensitätsverteilung entsprach weitestgehend Profil 2 aus Tabelle 6.5, und der Einkoppelgrad wurde zu A = 0,65 angenommen. In Bild 6.26 sind die maximalen Laserleistungen aufgetragen, die in das Werkstück eingekoppelt werden konnten, ohne daß es zu Anschmelzungen der Oberfläche kam. Für die Rechnung wurde die Schmelztemperatur dabei auf T_m = 1350 °C festgelegt.

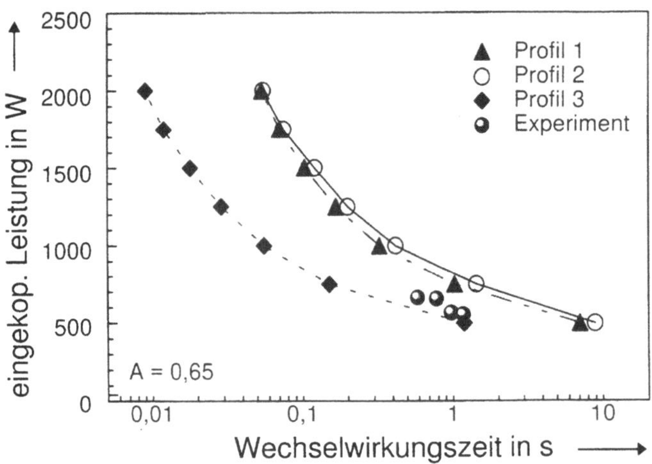

Bild 6.26:   Maximal einkoppelbare Laserleistung in Abhängigkeit vom Intensitätsprofil und der Wechselwirkungszeit.

Wie nicht anders zu erwarten, reduziert sich die einkoppelbare Leistung mit zunehmender Wechselwirkungszeit und verringerter bestrahlter Fläche. Werden nun die maximal einkoppelbaren Intensitäten betrachtet, kann der Einfluß der Strahlform näher betrachtet werden (Bild 6.27).

Im Gegensatz zur vereinfachten eindimensionalen Rechnung, wo die maximal einkoppelbare Intensität zur Erreichung einer festgelegten Temperatur nur von der Wechselwirkungszeit abhängig ist, zeigt die Finite-Elemente-Rechnung doch einen merkbaren Einfluß der geometri-

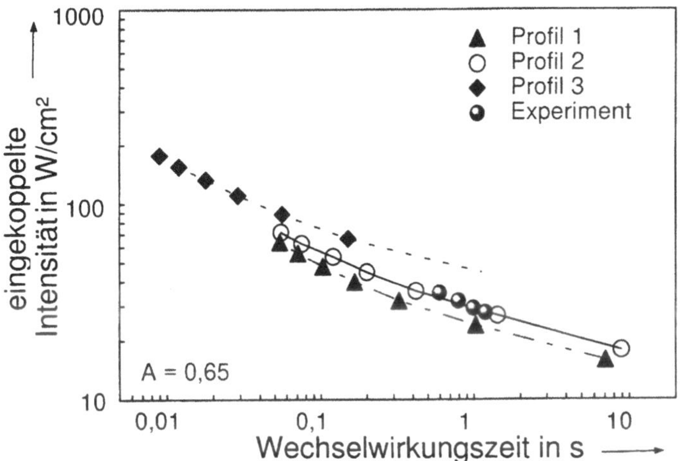

Bild 6.27:   Maximal einkoppelbare Intensität in Abhängigkeit vom Intensitätsprofil und
             der Wechselwirkungszeit.

schen Situation. Die erreichbare Einhärtungstiefe in Abhängigkeit von den bereits beschriebenen Parameter gibt Bild 6.28 wieder.

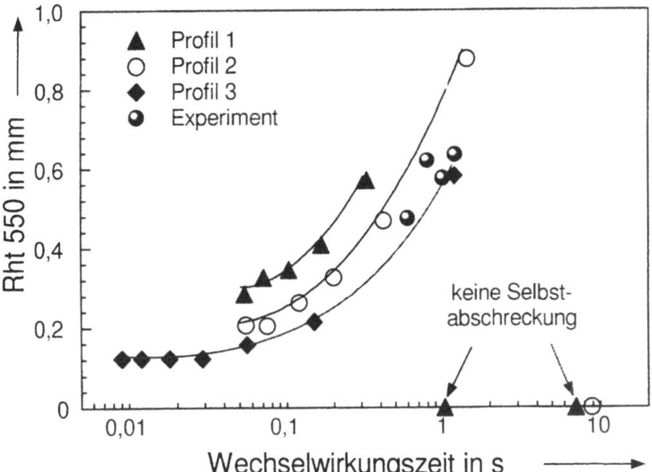

Bild 6.28:   Einhärtungstiefe   in   Abhängigkeit   vom   Intensitätsprofil   und   der
             Wechselwirkungszeit.

Die Maximalwerte werden mit langen Pulsdauern und verhältnismäßig großen bestrahlten Flächen erreicht. Die Wechselwirkungszeiten sind jedoch nach oben hin durch die Notwendigkeit
der Selbstabschreckung begrenzt. Denn bei zu langen Zeiten wird soviel Wärme in das Bauteil
eingebracht, daß eine Selbstabschreckung nicht mehr stattfindet und folglich auch keine Här-

tung. Für das ausgewählte Beispiel ist mit Profil 2 die größte Einhärtungstiefe zu erwarten, da es bei relativ hohen Intensitätswerten eine maximale Energieeinkopplung gestattet. In Anbetracht dessen, daß die reale Intensitätsverteilung durch das Profil 2 nur angenähert werden konnte, ist die Übereinstimmung der Resultate doch bemerkenswert gut. Eine gezielte Vorauswahl der für die Laserbehandlung erforderlichen Prozeßparameter ist mit Hilfe des gezeigten Vorgehens daher durchaus sinnvoll und hilfreich.

6.5.3   Untersuchung der Härtbarkeit eines Bauteils am Rechenmodell

Eine beispielhafte Fallstudie /133/ ist in den fogenden Abbildungen wiedergegeben. Sie verknüpft die Simulation der Wärmeleitung, der Kohlenstoffdiffusion und der martensitischen Umwandlungsvorgänge bei der Selbstabschreckung. Die Daten für die Netzgenerierung werden durch die Schnittstelle zum CAD-System *CATIA* bereitgestellt (Bild 6.29). Durch die Simulation kann in diesem Beispiel nachgewiesen werden, daß Laserhärten mit ausreichender Selbstabschreckung nur dann erfolgen kann, wenn die Innenbohrung in Abweichung von der üblichen Bearbeitungsfolge erst nach dem Härten gefertigt wird. Damit läßt dieses Beispiel gleichzeitig die Möglichkeiten und Vorteile einer laserintegrierten Komplettbearbeitung in einem Drehzentrum erkennen.

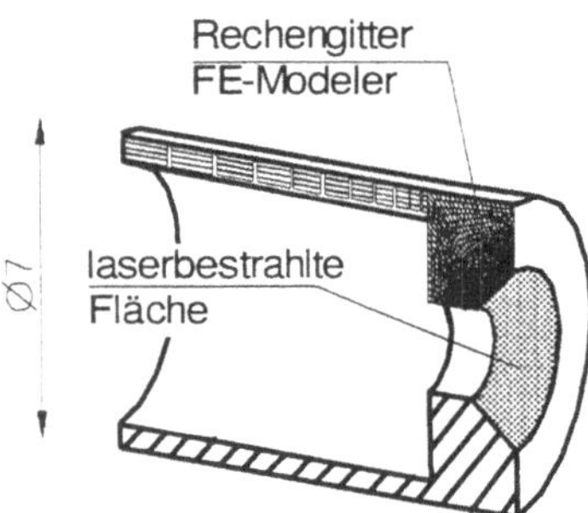

Bild 6.29:   Beispielteil mit einem aus dem CAD-System übernommenen Finite-Elemente-Netz

Das bereits fertig bearbeitete Bauteil soll wiederum mit einem ringförmigen Laserstrahl gehärtet werden. Bild 6.30, oben, zeigt die berechnete Temperaturverteilung am Ende der Laserbestrahlung, einem Zeitpunkt, bei dem die höchsten Temperaturen auftreten und die Gefahr des unerwünschten Anschmelzens der Oberfläche am größten ist. Bereiche mit Temperaturen oberhalb der Schmelztemperatur kennzeichnen lokale Anschmelzungen (S), die bei der Härtung vermieden werden müssen. Um die Anschmelzungen zu vermeiden, muß die Laserleistung reduziert werden.

Die Temperaturberechnung im zweiten Rechenlauf (Bild 6.30, unten) zeigt, daß mit verringerter Laserleistung die für die Härtung notwendige Mindesttemperatur noch immer überschritten und lokales Aufschmelzen nun vermieden wird. Die nachfolgende Berechnung der Aufhärtung weist jedoch darauf hin, daß die für die Härtung notwendigen Abkühlraten durch die Selbstabschreckung nicht erreicht werden. In diesem Bearbeitungsfall führt die geringe Wandstärke des Bauteils dazu, daß die in die Härtezone eingebrachte Energie nicht schnell genug abgeführt werden kann. Das Bauteil läßt sich daher in der untersuchten Form mit dem Laser nicht härten.

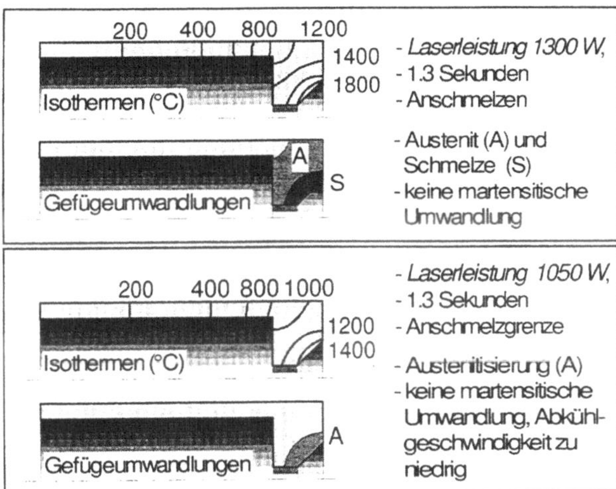

Mit Hinterbohrung: keine Selbstabschreckung

Bild 6.30:   Anschmelzen und unzureichende Selbstabschreckung bei vorhandener Hinterbohrung

Eine Verbesserung kann allerdings durch die Veränderung der Verfahrensabfolge zwischen Dreh- und Laserbearbeitung erreicht werden. Wird die Fertigungsfolge von

Drehen der Innenkontur - Drehen der Außenkontur - Härten des Kugelsitzes

geändert zu

Drehen der Außenkontur - Härten des Kugelsitzes - Drehen der Innenkontur,

so seht ausreichend Wandstärke zur Verfügung, um während des Härtevorganges eine Selbstabschreckung zu gewährleisten (Bild 6.31).

Die Anpassung des Fertigungsablaufs an die geometrischen Besonderheiten der zu bearbeitenden Bauteile bereits in der Konstruktions- und Entwicklungsphase reduziert also die Zahl der zur Feinabstimmung notwendigen Versuche und beschleunigt dadurch den Anlauf der Fertigung.

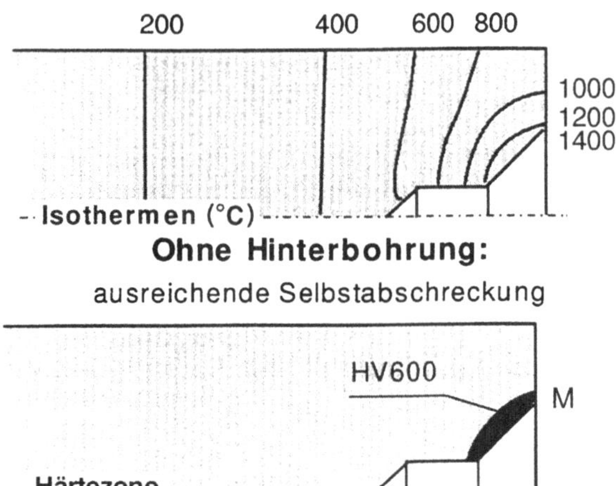

Bild 6.31:   Änderung der Geometrie mit neuer Fertigungsfolge sichert die Selbstabschreckung zur martensitischen Umwandlung (M).

7 Zusammenfassung und Ausblick

Die technologischen Qualitäten des Lasers als thermisches Werkzeug stehen außer Diskussion. Als Begründung für die nur zögerliche Einführung des Lasers in die industrielle Fertigung wird jedoch immer wieder auf die zu hohen Kosten der Laserbearbeitung verwiesen. Insbesondere auch das Laserstrahlhärten muß sich der starken Konkurrenz etablierter und preisgünstigerer Verfahren, wie beispielsweise dem Induktivhärten, stellen. In der vorliegenden Arbeit wurden Ansätze vorgestellt, mit denen die Produktivität des Laserstrahlhärtens verbessert und damit auch dessen Wirtschaftlichkeit erhöht werden kann.

Einen Schlüsselaspekt für die Steigerung der Produktivität stellt die angepaßte Formung der Intensitätsverteilung dar. Auf der Basis ausführlicher Untersuchungen verschiedener Strahlformungselemente konnte nachgewiesen werden, daß insbesondere bei niedrigen Vorschubgeschwindigkeiten die Prozeßeffizienz durch die Nutzung von Strahlprofilen mit steilen Flanken zum Teil mehr als verdoppelt werden kann. Für die Erzeugung unidirektionaler Härtespuren eignen sich deshalb rechteckige Strahlprofile mit einer gleichförmigen Intensitätsverteilung am besten. Keinen Einschränkungen in der Bewegungsrichtung unterliegt man, wenn mit einem homogenen runden Strahlprofil gearbeitet wird. Dieses Zylinderprofil, das charakteristisch für die Austrittsebene einer Glasfaser mit stufenförmigem Brechungsindex ist, konnte erstmalig durch eine vergrößernde teleskopische Abbildung für eine Härtebearbeitung nutzbar gemacht werden.

Abgesehen von optischen Einzelelementen kann die Intensitätsverteilung, die auf der Werkstückoberfläche wirksam wird, auch auf andere Weise modifiziert werden. Hierzu gehört die Möglichkeit, mehrere separate Laserstrahlen zu einem gemeinsamen Brennfleck zu vereinigen. Bereits mit der Kombination der Strahlen aus zwei unterschiedlichen Laserquellen wurde demonstriert, daß zum einen die verfügbare Laserleistung am Werkstück auf diese Weise verdoppelt werden kann. Zum andern ist durch die überlappende, parallele Anordnung der beiden Strahlen ein merklicher Effizienzgewinn im Vergleich zu Härtungen mit einem Einzelstrahl gleicher Intensitätsverteilung zu verzeichnen.

Bei Verfügbarkeit von ausreichend vielen Einzelstrahlen ließe sich mit Hilfe der Mehrstrahltechnik flexibel jedes beliebige Strahlprofil einstellen. Wirtschaftlich sinnvoll kann dieser Ansatz jedoch nur dann sein, wenn die zugehörigen Strahlquellen äußerst preiswert verfügbar sind. In Anbetracht der Tatsache, daß durch Massenproduktion der Halbleiterlaser bereits in wenigen Jahren fasergekoppelte Laserdioden zu konkurrenzfähigen Preisen zur Verfügung stehen dürften, sollte dieser Möglichkeit der Strahlformung in naher Zukunft große Bedeutung zukommen.

Aber auch durch die Aufspaltung eines einzelnen Laserstrahls können zwei oder gegebenenfalls auch mehr Teilstrahlen für eine gezielte Strahlkombination generiert werden. In dem vorgestellten Fall wurde für die Strahlteilung ein Polarisator gewählt, der den Ausgangsstrahl in zwei Komponenten mit linear polarisierter Strahlung aufteilt. Durch Drehung der Polarisationsrichtung in einem Strahlzweig ist die Ebene der Polarisation im gemeinsamen Strahlfleck gleich. Dies wurde dazu genutzt, um durch Schrägeinstrahlung in der Nähe des Brewster-Winkels die absorbierte Laserleistung zu steigern. Die Nutzung der Brewster-Absorption führte im direkten Vergleich mit senkrechter Einstrahlung zu einem beträchtlichen Zuwachs im Prozeßwirkungsgrad. Ein solcher Optikaufbau bietet sich auch für das beidseitige Härten von Kanten - beispielsweise im Werkzeugbau - an, da bei dieser Bearbeitungsaufgabe schräge Einstrahlung nahezu unvermeidbar ist.

Abgesehen von der Steigerung der Prozeßeffizienz bietet die Strahlformung auch technologische Vorteile, wenn die Art der Intensitätsverteilung direkt an die zu härtende Geometrie angepaßt werden kann. So wurde mit speziellen optischen Elementen ein ringförmiger Strahlfleck erzeugt, mit dem Dichtsitzflächen gehärtet wurden. Auf diese Weise konnte die gesamte zu bearbeitende Zone auf einmal bestrahlt werden, ohne daß eine Relativbewegung zwischen dem Werkstück und der Bearbeitungsoptik notwendig war. Auch wurden mit dieser Methode Spurüberlappungen und dadurch bedingte Härteeinbrüche vermieden, wie sie typischerweise am Spuranfang bzw. -ende auftreten, wenn eine geschlossene Ringkontur mit einem Strahlfleck abgefahren wird.

Solche Ringgeometrien, selbst Kanten und andere komplexe Bauteilgeometrien, lassen sich auch mit einem flexiblen Oszillatorsystem bearbeiten. Die große Flexibilität in der Strahlformung, die sich durch die zweidimensionale Strahlablenkung und die gleichzeitige ortsabhängige Laserleistungssteuerung ergibt, macht eine Oszillatoroptik zu einem nahezu universell einsetzbaren Werkzeug.

Neue technologische Möglichkeiten eröffnet darüberhinaus der vorgestellte Optikkopf für die Härtebearbeitung an schwer zugänglichen Stellen. Die beschriebene, industrietaugliche Bearbeitungsoptik basiert auf einem abbildenden Optiksystem, so daß die Härtungen mit einem runden zylinderförmigen Strahlprofil effizient durchgeführt werden konnten. Der geringe Außendurchmesser der Optik erlaubt die Bearbeitung tief im Innern von Bauteilen; selbst hinterschnittene Bereiche sind auf diese Weise gut zu bearbeiten. Die integrierte Wasserkühlung und der implementierte Querjet schützen die optischen Komponenten wirkungsvoll vor Überhitzung und Verschmutzung. In den Bearbeitungskopf ist außerdem eine Prozeßkontrolle integriert, die auch bei der Härtung schwer zugänglicher Stellen eine effektive Temperaturregelung gestattet.

Dieser geschlossene Regelkreis zur Kontrolle der Prozeßtemperatur wurde als Beitrag zur Prozeßkontrolle und Qualitätssicherung aufgebaut. Auf der Basis der an der Bearbeitungsstelle gemessenen Oberflächentemperatur wird über einen PID-Regler die Laserleistung so geregelt, daß die eingestellte Maximaltemperatur nicht überschritten wird. Die Temperaturmessung erfolgt dabei photoelektrisch durch die Optik hindurch. Es wurden hierfür Pyrometer eingesetzt, die jedoch durch wesentlich preiswertere Photodioden ersetzt werden können.

Je nach Komplexität der Bearbeitungsaufgabe kann häufig nicht mehr auf Erfahrungswerte bei der Auswahl der Prozeßparameter oder gar bei der Beurteilung zurückgegriffen werden, ob eine Bauteilgeometrie überhaupt zu härten ist. Aus diesem Grund wurde ein Simulationsmodell entwickelt, das es gestattet, auf der Basis eines Finite-Elemente-Modells des realen Bauteils mit der vorgesehenen Strahlverteilung eine Wärmeleitungsrechnung durchzuführen, d.h. den Härteprozeß zu simulieren. Im Anschluß daran wird auf der Basis des so ermittelten Temperaturzyklusses mit den relevanten Werkstoffkennwerten automatisch die lokale Härteverteilung im Bauteil nach Abschluß der Laserbehandlung berechnet. Grundlage bildet hierbei die Berechnung der lokalen Kohlenstoffdiffusion und die Berücksichtigung der temperatur- und kohlenstoffkonzentrationsabhängigen Umwandlungsvorgänge im Gefüge. Auf diese Weise ist eine recht zuverlässige Vorhersage der Bearbeitungsergebnisse möglich.

In einem weitergehenden Schritt wird eine solche Simulationsrechnung sicher nicht nur dafür genutzt werden können, um das Resultat eines Härteprozesses vorherzubestimmen. Vielmehr ist es auch denkbar, ein konkretes Bearbeitungsergebnis zu fordern und die dafür notwendige Intensitätsverteilung zu berechnen. Mit einem bereits beschriebenen Array aus fasergekoppelten Diodenlasern ist die Realisierung beliebiger Intensitätsverteilungen und folglich die gezielte Erzeugung einer definierten Härtegeometrie in naher Zukunft möglich.

8 Literatur

1   HÜGEL, H.: *Strahlwerkzeug Laser : Eine Einführung*. Stuttgart: Teubner, 1992 (Teubner-Studienbücher: Maschinenbau).

2   KUßMAUL, K.: *Werkstoffe, Fertigung und Prüfung drucktragender Komponenten von Hochleistungsdampfkraftwerken*. Essen: Vulkan-Verlag, 1981.

3   Norm DIN 50190, Teil 2, 03.1988: Härtetiefe wärmebehandelter Teile : Ermittlung der Einhärtungstiefe nach dem Randschichthärten

4   Norm DIN 17022, Teil 5, Entwurf 06.1994: Verfahren der Wärmebehandlung : Randschichthärten.

5   GEISSLER, E.: *Mathematische Simulation des temperatur-geregelten Laserstrahlhärtens und seine Verifikation an ausgewählten Stählen*. Universität Erlangen, Dissertation, 1993.

6   ORLICH, J.; ROSE, A.; WIEST, P.: *Atlas zur Wärmebehandlung der Stähle - Band 3*. Düsseldorf: Verlag Stahleisen, 1973.

7   INOUE, K.; OHMURA, E.; HARUTA, K.: *Computer simulation on transformation hardening process in laser surface treatment*. In: Arata, Y. (Hrsg.): Proc. Of the Int. Conf. on Laser Advanced Mat. Proc. (LAMP), Osaka, 1987, S. 311 - 316.

8   STÄHLI, G.: *Kurzzeit-Wärmebehandlung : Bericht über 12 Jahre Arbeit des FA9 "Kurzzeit-Erwärmung" der AWT*. Härterei-Techn. Mitteilungen, **39** (1984) 3, S. 81 - 90.

9   OHRLICH, J.; PIETRZNIUK, H.J.: *Atlas zur Wärmebehandlung der Stähle - Band 4*. Düsseldorf: Verlag Stahleisen, 1976.

10   WEVER, F.; ROSE, A.: *Atlas zur Wärmebehandlung der Stähle - Band 1*. Düsseldorf: Verlag Stahleisen, 1961.

11   LIEDTKE, D.; JÖNNSSON, R.: *Wärmebehandlung : Grundlagen und Anwendungen für Eisenwerkstoffe*. Ehningen: Expert Verlag, 1991 (Kontakt & Studium: Band 349).

12   BORN, M.; WOLF, E.: *Principles of Optics*. Oxford: Pergamon Press, 1986.

13   PROKHOROV, A.M.; KONOV, V.I.; URSU, I.; MIHAILESCU, I.N.: *Laser Heating of Metals*. Bristol: Adam Hilger, 1990, S. 16.

14   DAUSINGER, F.; RUDLAFF, TH.: *Novel transformation hardening exploiting brewster absorption*. In: Arata, Y. (Hrsg.): Proc. of Laser Advanced Materials Processing (LAMP), Osaka. Japan: High Temp. Society, 1987, S. 323 - 328.

15   SHIBATA, K.; SAKAMOTO, H.; MATSUJAMA, H.: *Absorptivity of polarized beam during laser hardening*. In: Proc. of the Intern. Congress of Lasers and Electro-Optics (ICALEO), Orlando. Orlando: Laser Institute of America (LIA), 1991, S. 409 - 413.

16   MIYAMOTO, I.; MARUO, H.: *Novel laser beam shaping optics : LSV optics applications*

to transformation hardening and ceramic joining. In: Proc. of the Intern. Congress of Lasers and Elektro-Optics (ICALEO), Orlando. Orlando: Laser Institute of America (LIA), 1992, S. 88 - 102.

17 SHEN, J.; GRÜNENWALD, B.; DAUSINGER, F.: *Laser surface modification of a low carbon steel with tungsten carbide and carbon.* In: Proc. of the Intern. Congress of Lasers and Electro-Optics (ICALEO), Orlando. Orlando: Laser Institute of America (LIA), 1991, S. 371 - 379.

18 DAUSINGER, F.: *Strahlwerkzeug Laser : Energieeinkopplung und Prozeßeffektivität.* Universität Stuttgart, Fakultät Fertigungstechnik, Habilitationsschrift. Stuttgart: Teubner-Verlag, 1995 (Hügel, H. (Hrsg.): Forschungsberichte des IFSW).

19 STERN, G.: *Absorptivity of cw CO_2-, CO- and YAG-lasers beams by different metallic alloys.* In: Bergmann, H.W. (Hrsg.): Proc. of European Conf. on Laser Treatment of Materials (ECLAT), Erlangen. Coburg: Sprechsaal Publishing, 1990, S. 25.

20 Norm DIN 4768 Teil 1 08.1974: *Ermittlung der Rauheitsgrößen R_a, R_z, R_{max} mit elektrischen Tastschnittgeräten : Grundlagen.*

21 ISHIDE, T.; MEGA, M.; MATSUMOTO, O.; ITO, S.; MITSUHASHI, T.: *Kaleidoscope beam homogenizer for high power CO_2 and YAG laser.* In: Mordike, B.L. (Hrsg.): Proc. of the Europ. Conf. on Laser Treat. of Mat. (ECLAT), Göttingen. Oberursel: DGM Informationsges., 1992, S. 57 - 62.

22 KONOV, V.I.; GARNOV, S.V.; TZAKOVA, O.M.: *Laser beam absorption of metals at process temperature.* Moscow: General Physics Institute, 1994/95 (Interne Projektberichte).

23 KIRMSE, W.: *Anwendung der Lasertechnik im Automobilbau.* In: Mordike, B.L. (Hrsg.): Proc. of the European Conf. on Laser Treatment of Materials (ECLAT), Göttingen. Oberursel: DGM Informationsgesellschaft, 1992, S. 419 - 432.

24 WISSENBACH, K.: *Umwandlungshärten mit CO_2-Laserstrahlung.* Technische Hochschule Darmstadt, Dissertation, 1985.

25 MEINERS, E.: *Untersuchung verfahrensrelevanter Parameter beim Härten mit Hochleistungs-CO_2-Laser.* Universität Stuttgart, Instiut für Strahlwerkzeuge, Studienarbeit, 1988 (Institut für Strahlwerkzeuge IFSW 88-6).

26 TRAFFORD, D.N.H.; BELL, T.; MEGAW, P.C.; BRANSDEN, A.S.: *Heat treatment using a high-power laser. In: Heat Treatment.* London: The Metal Society, 1979, S. 32 - 38.

27 BRADLEY, J.R.: *Experimental determination of the coupling coefficient in laser surface hardening.* In: Duley, W.W.; Weeks, R. (Hrsg.): Laser Processing: Fundamentals, Applications, Québec City, 1986, S. 23 - 30 (SPIE Vol. 668).

28 MEYER-KOBBE, C.: *Randschichthärten mit Nd:YAG- und CO_2-Lasern.* Universität Hannover, Dissertation. Düsseldorf: VDI-Verlag, 1990 (Fortschritt-Berichte VDI, Reihe 2: Fertigungstechnik, Nr. 193).

29 CANOVA, P.; RAMOUS, E.: *Carburization of iron surface induced by laser heating.* Journal of Materials Science. London: Chapman and Hall, **21** (1986), S. 2143 - 2146.

30   RUDLAFF, TH.: *Arbeiten zur Optimierung des Umwandlungshärtens mit Laserstrahlen.*
     Universität Stuttgart, Fakultät Fertigungstechnik, Dissertation. Stuttgart: Teubner-Ver-
     lag, 1993 (Hügel, H. (Hrsg.): Forschungsberichte des IFSW).

31   CARSLAW, H.S.; JAEGER J.C.: *Conduction of Heat in Solids.* Oxford: Science Publ., 1959
     (Nachdruck der 2. Auflage).

32   BURGER, D.: *Beitrag zur Optimierung des Laserhärtens.* Universität Stuttgart, Fakultät
     Fertigungstechnik, Dissertation, 1988.

33   DIETZ, J.; MERLIN, J.: *Conditions d'optimisation du traitement des matériaux métallique
     par laser: I. Etablissement d'une méthodologie.* Revue Phys. Appl., **23** (1988) 11, S.
     1787 - 1805.

34   MERLIN, J.; DIETZ, J.: *Conditions d'optimisation du traitement des matériaux métallique
     par laser: II. Illustration des possibilités ouvertes par l'analyse proposée.* Revue Phys.
     Appl., **23** (1988) 11, S. 1807 - 1823.

35   NAUMANN, H.; SCHRÖDER, G.: *Bauelemente der Optik - Taschenbuch für Konstrukteure.*
     München: Hanser, 1992.

36   ISHIDE, T.; NAGURA, Y.; MATSUMOTO, O.; NAGASHIMA,T.; YOKOYAMA, A.: *High power
     YAG laser welding and its in-process monitoring using optical fibers.* In: Mordike, B.L.
     (Hrsg.): Proc. of the Europ. Conf. on Laser Treat. of Mat. (ECLAT), Göttingen. Oberur-
     sel: DGM Informationsges., 1992, S. 81 - 86.

37   JAHN, R.: *Grundlagen der Faseroptik.* Feinwerktechnik, **74** (1970), S. 524.

38   SIEGMUND, W.P.: *Fiber optics.* In: Kingslake, R. (Hrsg.): Applied optics and optical
     engineering, Vol. IV. New York, San Francisco, London: Academic Press, 1965 - 1980.

39   WILLERSCHEID, H.: *Prozeßüberwachung und Konzepte zur Prozeßoptimierung des
     Laserstrahlhärtens.* RWTH Aachen, Fakultät Maschinenwesen, Dissertation, 1990.

40   WISSENBACH, K.; BAKOWSKY, L.; HERZIGER, G.: *Werkstoffbearbeitung mit Laserstrah-
     lung - Teil 2 : Umwandlungshärten.* Feinwerktechnik & Messtechnik, **91** (1983) 7, S.
     327 - 331.

41   NA, S.J.; KIM, S.D.; LEE, K.E.; KIM, T.K.: *Optimal beam diameter for the laser surface
     hardening of a medium carbon steel.* In: Banas, C.M.; Whitney, G. (Hrsg.): Proc. of the
     Int. Conf. of Lasers and Electro-Opt. (ICALEO), Arlington. Bedford: IFS (Publications)
     Ltd., 1986, S. 113 -119.

42   MEYER-KOBBE, C.; BESKE, D.: *Laserstrahlhärten mit dem CO_2-Laser und dem Festkör-
     perlaser.* In: Waidelich, W. (Hrsg.): Proc. of the Int. Conf. on Optoelektr. in d. Technik
     (LASER), München. Berlin: Springer-Verlag, 1989, S. 519 - 523.

43   BACH, J.; DAMASCHEK, R.; GEISSLER, E.; BERGMANN, H.W.: *Laserumwandlungshärten
     von verschiedenen Stählen.* Härterei-Techn. Mitteilungen, **46** (1991) 2, S. 97 - 107.

44   OBERT, M; BALBACH, J.: 1. Zwischenbericht zum BMBF-Projekt *Untersuchung der
     Oberflächenbehandlung mikrotechnischer Bauteilgeometrien mit Nd:YAG-Hochlei-*

stungslaser, 1993.

45   KRASTEL, K.; RUDLAFF, TH.: persönliche Mitteilung (ZFS, Stuttgart).

46   VDI-Technologiezentrum Physikalische Technologien (Hrsg.): *Oberflächenbearbeitung mit CO₂-Lasern*. Düsseldorf: VDI-Verlag, 1996 (Laser in der Materialbearbeitung).

47   ROTHE, R.; SEPOLD, G.: *Bau und Einsatz von Spiegeloptiken für die Werkstoffbearbeitung mit Hochleistungslasern*. In: Workshop Laser in der Materialbearbeitung, Düsseldorf. Düsseldorf: VDI-Verlag, 1984 (VDI-Berichte 535).

48   MIYAMOTO, I.; MARUO, H.: *Shaping of CO₂-laser beam by kaleidoscope*. In: Schuöcker, D. (Hrsg.): Proc. of the Intern. Symp. on Gas Flow and Chemical Lasers, Wien. Bellingham: SPIE, 1988, S. 512 (SPIE 1031).

49   MIYAMOTO, I.; HORIGUCHI, Y.; MARUO, H.: *Novel shaping optics of CO₂ laser beam : LSV optics - Principle and Applications -*. In: CO₂-Lasers and Applications, 1990, S. 202 - 216 (SPIE Vol. 1276).

50   PIERCE, R.: *Segmented aperture integrator in amterials processing*. In: Bruck, G. (Hrsg.): Proc. of the Int. Conf. of Lasers and Electro-Opt. (ICALEO), Santa Clara. Berlin: IFS-Publications, 1988, S. 65 - 75.

51   PIERCE, R.L.: *The segmented aperture integrator in material processing*. Journal of Laser Application, **2** (1990) 2, S. 18.

52   MERLIN, J.; JUNCHANG, LI; OLIVEIRA, C.; MANDERSCHEID, T.; CORBET, A.: *Modification par recombinaison de faisceaux de l'éclairement délivré par une source laser de puissance*. Paris: J. Optics, **21** (1990) 2, S. 51 - 61.

53   JUNCHANG, LI; MERLIN, J.; RENARD, C.: *Études théoretiques et expérimentales d'un dispositif optique de transformation de faiseau laser en tache rectangulaire*. Paris: J. Optics, **24** (1993) 2, S. 39 - 47.

54   KÜPPER, F.; WISSENBACH, K.: 1. Zwischenbericht zum BMBF-Projekt *Umwandlungshärten komplizierter Werkstückgeometrien mit Nd:YAG-Laserstrahlung*, 1993.

55   LA ROCCA, A.V.: *Developments in laser materials processing for the automotive industries*. In: Draper, C.; Mazzoldi, P. (Hrsg.): Proc. of Laser Surface Treatment of Metals, San Miniato. Dordrecht: Martinus Nijhoff Pub., 1986, S. 521.

56   LUND, R.O.; WHEALON, B.: *Laser heat treating with rotationally integrated beam*. In: Proc. of the Int. Conf. of Lasers and Electro-Opt. (ICALEO), Orlando. Orlando: Laser Institute of America, 1994, S. 362 - 371.

57   SCHMIDT, W.: *Einsatz von Laser-Sondermaschinen zum Oberflächenbehandeln*. In: Vortrag vor dem FA9 der AWT, Wiesbaden, 1992.

58   HOFFMANN, P.; SCHUBERT, S.; GEIGER, M.; KOZLIK, C.: *Process optimizing adaptive optics for beam delivery of high power CO₂-lasers*. In: Laser Energy Distribution : Measurement and Application. Boston, 1992 (SPIE Vol. 1834-30).

59   BEA, M.; GIESEN, A.; HÜGEL, H.: *Flexible beam expanders with adaptive optics : A new*

standard in modern beam delivery. In: Proc. of ISATA. Aachen, 1993, S. 223 - 231.

60   COOPER, K.P.; BEIGEL, R.; SLABODNICK, P.: *Surface processing of metals using an oscillation laser beam.* In: Proc. of the Int. Conf. of Lasers and Electro-Opt. (ICALEO), Arlington. Kempsten, Bedford: IFS Publications, 1987, S. 169 - 176.

61   BURGER, D.: *Optimierung der Strahlqualität beim Laserhärten.* In: Waidelich (Hrsg.): Proc. of the Int. Conf. on Optoelektr. in d. Technik (LASER), München. Berlin: Springer-Verlag, 1989, S. 492 - 495.

62   RUDLAFF, TH.; BLOEHS, W.; DAUSINGER, F.; HÜGEL, H.: *Hardening with CO_2-lasers and flexible beam shaping optic.* In: Matsunawa; Katayama (Hrsg.): Proc. of the Int. Conf. on Laser Advanced Mat. Proc. (LAMP), Nagaoka. Osaka: High Temp. Soc. of Japan, 1992, S. 673 - 678.

63   BEA, M.; GLUMANN, C.; GRÜNENWALD, B.; RAPP, J.; GIESEN, A.; HÜGEL, H.: *Flexible beam delivery for improved laser applications.* In: Laser Materials Processing : Industrial and Microelectronic Applications. 1994, S. 111 - 124 (SPIE Vol. 2207).

64   GLUMANN, C.: *Verbesserte Prozeßsicherheit und -qualität durch Strahlkombination beim Laserschweißen.* Universität Stuttgart, Fakultät Fertigungstechnik, Dissertation. Stuttgart: Teubner-Verlag, 1996 (Hügel, H. (Hrsg.): Forschungsberichte des IFSW).

65   GLUMANN, C.; RAPP, J.; GRÜNENWALD, B.; BEA, M.; DAUSINGER, F.; HÜGEL, H.: *Zweistrahltechnik beim Schweißen und Oberflächenbehandeln : Erweiterte Möglichkeiten der Prozeßgestaltung und Erhöhung der Prozeßqualität.* In: Materialbearbeitung mit CO_2-Laserstrahlen höchster Leistung. Düsseldorf: VDI-Verlag, 1994, S. 53 - 65.

66   KERN, R.; THEINER, W.A.; BERGMANN, H.W.; MÜLLER, D.; DAMASCHEK, R.; RUDLAFF, TH.; BLOEHS, W.: *Zerstörungsfreie Bestimmung der Einhärtungstiefe nach dem Randschichtenhärten mit Hilfe mikromagnetischer Prüfverfahren am Beispiel des Laserstrahlhärtens.* Härterei-Techn. Mitteilungen. München: Carl Hanser Verlag, **49** (1994) 4, S. 222 - 230.

67   NEUMANN, H.; STECKER, K.: *Temperaturmessung.* Berlin: Akademie-Verlag, 1987 (Wissenschaftliche Taschenbücher, Band 288).

68   MILLER, J.E.; WINEMAN, J.A.: *Laser hardening at Saginaw Steering Gear.* Metal Progress, **111** (1977) 5, S. 38.

69   WINEMAN, J.A.; MILLER, J.E.: *Production laser hardening.* Society of Manufacturing Engineers: Technical Paper Nr. IQ77-372, 1977.

70   N.N. (General Motors Corporation, Electromotive Division, LaGrange, Illinois): *Lokking in on lasers.* Heat Treating, **10** (1978) 7, S. 22.

71   STRONG, E.: *How General Motors decided to heat treat with lasers on the assembly line.* Laser Focus & Electro Optics, **19** (1983) 11, S. 172.

72   AMENDE, W.; ZECHMEISTER, H.: *Einsatz von Multi-Kilowatt Lasern zur Materialbearbeitung.* VDI-Z, **124** (1982) 15/16, S. 581.

73 LAUSCH,W.: *Lasergehärtete Zylinderbuchsen für Großdieselmotoren.* Motortechnische Zeitschrift, **46** (1985) 5, S. 163.

74 AMENDE, W.: *Härten von Werkstoffen und Bauteilen im Maschinenbau mit dem Hochleistungslaser.* Düsseldorf: VDI-Verlag, 1985 (Technologie aktuell 3).

75 AMENDE, W.: *The production of wear resistant zones on tools by means of the CO_2-laser.* In: Proc. of the 5th Intern. Conference of Lasers in Manufacturing (LIM), Stuttgart. Berlin: Springer-Verlag, 1988, S. 119 - 126.

76 AMENDE, W.; BUCHNER, J.: *Führung und Formung des CO_2-Laserstrahls für die Oberflächenbehandlung.* In: Waidelich, W. (Hrsg): Proc. of the 9th Intern. Congress Optoelektronik in der Technik (LASER). Berlin: Springer-Verlag, 1989, S. 478 - 481.

77 DAUSINGER, F.: *Fertigungssicherheit beim Laserhärten durch Beherrschung der Absorption.* Zeitschrift für wirtschaftliche Fertigung (ZwF) (1985) 10, S. 446 - 448.

78 RUDLAFF, TH.; DAUSINGER, F.: *Verschleißschutz mit Licht - partielles Härten mit CO_2-Lasern.* Technische Rundschau (1988) 37, S. 44.

79 DAUSINGER, F.; RUDLAFF, TH.: *Steigerung der Effizienz beim Laserhärten.* In: Mordike, B.L. (Hrsg): Proc. of the 2nd European Conf. on Laser Treatment (ECLAT), Bad Nauheim. Düsseldorf: DVS-Verlag, 1988, S. 88 - 91 (DVS-Berichte Band 113).

80 FUNK, G.; MÜLLER, W.: *Temperaturgeregeltes Laserhärten in der Präzisionsmengenfertigung.* In: Proc. of the 3rd European Conference on Laser Treatment of Materials (ECLAT), Erlangen. Coburg: Sprechsaal Publishing, 1990, S. 227 - 236.

81 MEYER, R.: persönliche Mitteilungen (Stiefelmaier KG, Denkendorf).

82 MEYER, R.; KÜPPER, F.; JOHNIGK, C.; WISSENBACH, K.; ZWICK, A.: Laserstrahlhärteanlage im industriellen Einsatz. Vortrag auf dem 51. Härterei-Kolloquium - Werkstoff und Wärmebehandlung, Wiesbaden (04.-06.10.1995).

83 GUKELBERGER, A.: *Einige Praktische Beispiele über Einsatzmöglichkeiten von CO_2-Hochleistungslasern beim Schweißen und Härten.* In: Waidelich, W. (Hrsg): Proc. of the 6th Intern. Congress Optoelektr. in der Technik (LASER). Berlin: Springer-Verlag, 1983, S. 289 - 293.

84 BRANSDEN, A.S.; GAZZARD, S.T.; INWOOD, S.C.; MEGAW, J.H.P.C.: *The laser hardening of ring grooves in medium speed diesel engine pistons.* In: Proc. of the 4th Intern. Congress on Heat Treatment of Materials Vol.II, Berlin, 1986, S. 734.

85 ASAKA,Y.; KOBAYASHI, H.; ARITA, S.: *Laser treatment of piston ring groove.* In: Proc. of the Intern. Conference on Laser Advanced Materials Processing (LAMP), Osaka. Japan, 1987, S. 555 - 560.

86 N.N. (Nikkei Mechanical): *Laser hardens chucker way.* American Machinist (1981) 6, S. 163.

87 POLLACK, D.; PAUL, H.; REITZENSTEIN, W.: *Erfahrungen zum Laserhärten bei komplizierter Bauteilgeometrie.* In: Waidelich, W. (Hrsg): Proc. of the 9h Intern. Congress

Optoelektronik in der Technik (LASER). Berlin: Springer-Verlag, 1989, S. 510 - 517.

88   BRENNER, B.; WIEDEMANN, G.; WINDERLICH, B.; SCHÄDLICH, S.; LUFT, A.; STEPHAN, D.; REITZENSTEIN, W.; REITER, H.T.; STORCH, W.: *Laser hardening - an effective method for life time prolongation of erosion loaded turbine blades on an industrial scale.* In: Mordike, B.L. (Hrsg): Proc. of the European Conf. on Laser Treatment of Materials (ECLAT), Göttingen. Oberursel: DGM Informationsgesellschaft, 1992, S. 199 - 204.

89   BEDOGNI, V.; CANTELLO, M.; CERRI, W.: *Laser and elektron beam in surface hardening of turbine blades.* In: Proc. of the Intern. Conf. on Laser Advanced Materials Processing (LAMP), Osaka. Japan, 1987, S. 567 - 572.

90   SOLOVJEV, A.: *Laser thermal hardening of cutting tools.* In: Waidelich, W. (Hrsg): Proc. of the 9th Intern. Congress Optoelektr. in der Technik (LASER). Berlin: Springer-Verlag, 1989, S. 524 - 527.

91   ZHANG, G.; YU, S.: *Laser heat treatment of machinery blades.* In: Proc. of the Intern. Conf. on Laser Advanced Materials Processing (LAMP), Osaka. Japan, 1987, S. 725 - 730.

92   PAUL, H.; MORGENTHAL, L.: *Technologien zur Laseroberflächenveredelung und Anwendung an Bauteilen.* In: Bergmann, H. (Hrsg): Proc. of the European Conf. on Laser Treatment of Materials (ECLAT). Coburg: Sprechsaal, 1990, S. 311 - 320.

93   SU, B.; CHENG, L.; QIAN, Z.; ZHANG, F.; XU, G.: *Laser surface transformation hardening for a master reed in elastic shaft coupling.* In: Proc. of the Intern. Conference on Laser Advanced Materials Processing (LAMP), Osaka. Japan, 1987, S. 347 - 350.

94   BLAKE, A.G.; MANGALY, A.A.; EVERETT, M.A.; HAMMEKE, A.H.: *Laser coating technology : a commercial reality.* In: Sepold, G. (Hrsg.): Laser Beam Surface Treating and Coating, 1988, S. 56 - 65 (SPIE Vol. 957).

95   LA ROCCA, A.V.: *Laser applications in manufacturing.* Scientific American (1982) 3, S. 80.

96   LA ROCCA, A.V.: *Developments in laser applications in the automotive industry.* In: Internationaler Workshop Materialbearbeitung mit CO_2-Hochleistungslasern. Düsseldorf: VDI-Verlag, 1984, S. 155 - 190 (VDI-Berichte 535).

97   PARSONS, G.: *Opportunities for laser processing in automotive manufacturing.* In: Kimmit, M.F. (Hrsg): Proc. of the 1st European Conf. of Lasers in Manufacturing (LIM), Brighton. Berlin: Springer-Verlag, 1983, S. 117 - 124.

98   HAWKES, I.C.: *Practical experience with laser heat treatment.* In: Steen, W.M. (Hrsg): Proc. of the 4th European Conf. of Lasers in Manufacturing (LIM), Birmingham. Berlin: Springer-Verlag, 1987, S. 19 - 32.

99   MCKEOWN, N.; STEEN, W.M.: *Laser transformation hardening on engine valve steels.* In: Proc. of the 9th Intern. Congress of Lasers and Electro-Optics (ICALEO), Boston. Orlando: Laser Institute of America (LIA), 1990, S. 469 - 479.

100 RYKALIN, N.; UGLOV, A.; KOKORA, A.: *Laser Machining and Welding.* Oxford: Perga-

mon Press, 1978, S. 68.

101   ASHBY, M.F.; EASTERLING, K.E.: *The transformation hardening of steel surfaces by laser beams - I. Hypo-eutectoid steels.* Acta metall. **32** (1984), S. 1935 - 1948.

102   ION, J.C.; SHERCLIFF, H.R.; ASHBY, M.F.: *Diagrams for laser materials processing.* Acta metall. mater. **40** (1992) 7, S. 1539 - 1551.

103   KOU, S.; SUN, D.K.; LE, Y.P.: *A fundamental study of laser transformation hardening.* Metallurgical Transactions A, **14A** (1983) 4, S. 643 - 653.

104   GNAMAMUTHU, D.S.; SHANKAR, V.S.: *Laser heat treatment of iron-base alloys.* In: Draper; Mazzoldi (Hrsg.): Laser Surface Treatment of Metals, Aquafredda di Maratea. Dordrecht: Martinus Nijhoff Publisher, 1986, S. 410 - 433 (NATO ASI Series E - No. 115).

105   BERGMANN, H.W.; GEISSLER, E.: *Laserhärten von Stählen.* Härterei-Techn. Mitteilungen, **46** (1991) 2, S. 91 - 96.

106   HOFFMANN, C.: *Untersuchung des Wärmetransports beim Härten und Schneiden mit Laserstrahlung.* RWTH Aachen, Fakultät Maschinenwesen, Dissertation. Aachen: Shaker, 1994 (Berichte aus der Lasertechnik).

107   FRITSCH, U.H.; BERGMANN, H.W.: *Experimentelle Untersuchungen und mathematische Simulation des Einflusses der Kohlenstoffverteilung auf den Prozeß des Laserhärtens. Teil 1: Konstante Kohlenstoffverteilung.* Härterei-Techn. Mitteilungen. München: Carl Hanser Verlag, **46** (1991) 3, S. 145 - 154.

108   BERGMANN, H.W.; MÜLLER, D.; FRITSCH, U.H.: *Experimentelle Untersuchungen und mathematische Simulation des Einflusses der Kohlenstoffverteilung auf den Prozeß des Laserhärtens. Teil 2: Kohlenstoffkonzentrationsprofile.* Härterei-Techn. Mitteilungen. München: Carl Hanser Verlag, **46** (1991) 4, S. 195 - 202.

109   Norm DIN/EN 31145, 1995: *Optik und optische Instrumente - Laser und Laseranlagen - Begriffe, Formelzeichen und Maßeinheiten für die Bestimmung und Prüfung von Lasern und Laseranordnungen* (inhaltsgleich mit ISO/DIS 11145 : 1994).

110   Beyer, E.; Herziger, G.; Kramer, R.; Loosen, P.: *A diagnostic system for measurement of the focused beam diameter of high power CO_2-laser.* In: Schuöcker, D. (Hrsg.): High Power Lasers and their Industrial Application. Bellingham: SPIE, 1986, S. 167 (SPIE Vol. 650).

111   POLZIN, R.; POPRAWE, R.: 2. Zwischenbericht um BMBF-Projekt *Oberflächenbearbeitung mit Hilfe von Multi-Faserbündeln und Anbindung an konventionelle Fertigungsverfahren*, 1994.

112   RUDLAFF, TH.; DAUSINGER, F.: *Effects of transformation-hardening without absorptive coatings using CO_2- and Nd:YAG-lasers.* In: Mordike, B.L. (Hrsg.): Proc. of the Europ. Conf. on Laser Treat. of Mat. (ECLAT), Göttingen. Oberursel: DGM Informationsges., 1992, S. 313 - 318.

113   HAUPT, C.; PAHLKE, M.; KRUPKA, R.; TIZIANI, H.J.: *Computer generated microcooled reflection holograms in Silicon for material processing with CO_2 laser.* Zur Veröffentli-

chung eingereicht bei Applied Optics, 1/1996.

114   HAUPT, C.; PAHLKE, M.; BUDZINSKI, C.; TIZIANI, H.J.; KRUPKA, R.: *Computer-gene-rierte Hologramme in Si und Cu für die Materialbearbeitung mit CO_2-Hochleistungsla-sern*. Laser und Optoelektronik, **29** (1997), S. 48 - 55.

115   Sonderforschungsbereich 349 - Hochdynamische Strahlführungs- und Strahlformungs-einrichtungen für die räumliche Bearbeitung mit Laserstrahlen (Hrsg.): Ergebnisbericht zum Teilprojekt A1: *Holographisch optische Elemente zur Strahlformung*. Stuttgart: Universität Stuttgart, 1995.

116   Wahl, R.: persönliche Mitteilung (inpro, Berlin).

117   MORGENTHAL, L.; PLAETSCHKE, A.; VÖLLMAR, S.; LEPSKI, D.: Abschlußbericht zum BMBF-Projekt *Präzisionsbearbeitung mit Festkörperlasern (Oberflächenbearbeitung) - Dynamisches Strahlformungssystem für Festkörperlaser zur Laseroberflächenveredlung*. Dresden: Institut für Werkstoffphysik und Schichttechnologie, 1995.

118   BLOEHS, W.; GRÜNENWALD, B.; DAUSINGER, F.; HÜGEL, H.: *Recent progress in laser surface treatment - Part I: Implications of laser wavelength*. Journal of Laser Applicati-ons, **8** (1996) 1, S. 15 - 23.

119   BLOEHS, W.; GRÜNENWALD, B.; DAUSINGER, F.; HÜGEL, H.: *Recent progress in laser surface treatment - Part II: Adopted processing for high efficiency and quality*. Journal of Laser Applications, **8** (1996) 2, S. 65 - 77.

120   BLOEHS, W.; DAUSINGER, F.: *Beam shaping systems for hardening with high-power Nd:YAG-lasers*. In: Dausinger, F.; Bergmann, H.-W.; Sigel, J. (Hrsg.): Proc. of the Europ. Conf. on Laser Treat. of Mat. (ECLAT), Stuttgart, 16. - 18.9.1996.

121   VDI-Technologiezentrum Physikalische Technologien (Hrsg.): *Präzisionsbearbeitung mit Festkörperlasern : Oberflächenbearbeitung*. Düsseldorf: VDI-Verlag, 1995 (Laser in der Materialbearbeitung - Band 4).

122   WIEDMAIER, M.: *Konstruktive und verfahrenstechnische Entwicklung zur laserintegrier-ten Komplettbearbeitung in Drehzentren*. Universität Stuttgart, Fakultät Fertigungstech-nik, Dissertation. Stuttgart: Teubner-Verlag, 1996 (Hügel, H. (Hrsg.): Forschungsberichte des IFSW).

123   BLOEHS, W.; DAUSINGER, F.: Abschlußbericht zum BMBF-Projekt *Präzisionsbearbei-tung mit Festkörperlasern (Oberflächenbearbeitung) - Grundlegende Versuche zur Oberflächenbehandlung an schwer zugänglichen Stellen mit Hochleistungs-Festkörper-lasern*. Stuttgart, Institut für Strahlwerkzeuge, 1996 (Institut für Strahlwerkzeuge IFSW 96-14).

124   HAASEN, P.: *Physikalische Metallkunde*. Berlin, Heidelberg: Springer-Verlag, 1974.

125   RICHTER, F.: *Die wichtigsten physikalischen Eigenschaften von 52 Eisenwerkstoffen*. Düsseldorf: Verlag Stahleisen, 1973 (Sonderbericht, Heft 8).

126   RICHTER, F.: *Physikalische Eigenschaften von Stählen und ihre Temperaturabhängigkeit: Polynome und graphische Darstellungen*. Düsseldorf: Verlag Stahleisen, 1983 (Sonder-

berichte, Heft 10).

127   SCHWARZ, H.R.: *Numerische Mathematik.* Stuttgart: Teubner-Verlag, 1988.

128   ROSENBERG, D.U. VON: *Methods for the numerical solution of partial differential equations.* New York: Am. Elsevier Pub. Comp., 1969.

129   N.N.: *Numerical recipies in FORTRAN : The art of scientific computing.* Cambridge: University Press, 1992.

130   Norm DIN 17200 03.1988: *Vergütungsstähle : Technische Lieferbedingungen.*

131   Norm DIN 50150 12.1976: *Prüfung von Stahl und Stahlguß : Umwertungstabelle für Vickershärte, Brinellhärte, Rockwellhärte und Zugfestigkeit.*

132   BECK, M.; BLOEHS, W.: *Computer-Aided optimization of laser hardening in a turning machine.* In: Geiger; Vollertsen (Hrsg.): Proc. of Laser Assisted Netshape Engineering (LANE), Erlangen. Bamberg: Meisenbach, 1994, S. 253 - 260.

133   BECK, M.; WIEDMAIER, M.; BERGER, P.: *Mit CAD zur optimierten Laserbearbeitung. In: Rechneranwendung in der Produktionstechnik - Aktuelle Herausforderung.* Seminar des Institutsverbunds Fertigungstechnik der Universität Stuttgart, Stuttgart, 1993.

134   ABRAMOWITZ, M.; STEGUN, I.A.: *Handbook of mathematical functions.* New York: Dover Pub., 1972 (9. Auflage), S. 299.

Anhang

A: Analytische Berechnung der Wärmeleitung

A.1: Eindimensionale Wärmeleitung

Für einfache qualitative Abschätzungen genügt häufig die Betrachtung der eindimensionalen Wärmeleitung. Letzlich stellt sie jedoch eine spezielle Lösung der allgemeinen Wärmeleitungsgleichung

$$\nabla^2 T - \frac{1}{\kappa} \cdot \frac{\partial T}{\partial t} = -\frac{1}{\lambda} \cdot Q\,(x, y, z, t) \tag{A.1}$$

dar. Die je Zeit- und Volumeneinheit freigesetzte Wärme entspricht dabei der eingekoppelten Laserleistung gemäß

$$Q\,(x, y, z, t) = \frac{4\pi k}{\lambda} \cdot \eta_A \cdot I\,(x, y, t) \cdot e^{-\frac{4\pi k}{\lambda} z} \tag{A.2}$$

mit

$$\kappa = \frac{\lambda}{\rho \cdot c_p} \; . \tag{A.3}$$

Im eindimensionalen Fall wird der zeitliche Temperaturverlauf in einem halbunendlichen Körper berechnet, der von einer gleichförmigen Intensität bestrahlt wird. Nach /31/ lautet die zugehörige analytische Lösung für den Aufheizvorgang

$$T\,(z, t) = \frac{2 \cdot \eta_A \cdot I}{\lambda} \cdot \sqrt{\kappa \cdot t} \cdot \mathrm{ierfc}\!\left(\frac{z}{2 \cdot \sqrt{\kappa \cdot t}}\right) \tag{A.4}$$

und für den Abkühlvorgang nach Abschalten der Wärmequelle zum Zeitpunkt t_L

$$T\,(z, t) = \frac{2 \cdot \eta_A \cdot I}{\lambda} \cdot \sqrt{\kappa} \cdot \left[\sqrt{t} \cdot \mathrm{ierfc}\!\left(\frac{z}{2 \cdot \sqrt{\kappa \cdot t}}\right) - \sqrt{t - t_L} \cdot \mathrm{ierfc}\!\left(\frac{z}{2 \cdot \sqrt{\kappa \cdot (t - t_L)}}\right) \right] \; . \tag{A.5}$$

Mit Hilfe der Näherungsbeziehung für die imaginäre Fehlerfunktion *ierfc* aus Abschnitt A.2 läßt sich dieser Zusammenhang programmtechnisch leicht umsetzen.

A.2: Näherungslösung des Integrals *ierfc* der komplexen Fehlerfunktion

Nach /134/ läßt sich das Integral der komplementären Fehlerfunktion auch als Funktion der normalen Fehlerfunktion ausdrücken:

$$\text{ierfc}\,(g) \;=\; \frac{e^{-g^2}}{\sqrt{\pi}} - x \cdot (1 - \text{erf}\,(g)) \quad . \tag{A.6}$$

Für die Fehlerfunktion selbst kann folgende Näherungslösung verwendet werden:

$$\text{erfc}\,(g) \;=\; 1 - (b_1 \cdot q + b_2 \cdot q^2 + b_3 \cdot q^3) \cdot e^{-g^2} \quad , \tag{A.7}$$

wobei

$$q \;=\; \frac{1}{1 + 0,47047 \cdot g} \quad . \tag{A.8}$$

Die in Gleichung A.7 verwendeten Koeffizienten b_x lauten:

$b_1 = 0,3480242$

$b_2 = -\,0,0958798$

$b_3 = 0,7478556.$

Der absolute Fehler der angegebenen Näherung beträgt über den gesamten Definitionsbereich hinweg lediglich $2,5 \cdot 10^{-5}$.

B: Einige experimentelle Ergebnisse im Detail

An dieser Stelle sind aus Gründen der Übersichtlichkeit einige experimentelle Einzelergebnisse zusammengefaßt, die mit den Strahlformungselementen aus Kapitel 4 erzeugt wurden. Es handelt sich hierbei durchweg um die Wiedergabe der ermittelten Härtespurbreiten und -tiefen. Die Darstellung dieser Ergebnisse soll einen Überblick verschaffen über die mit dem jeweiligen Element realisierbaren Spurgeometrien.

Freistrahl nach der Einzelfaser:

Der Strahl eines Nd:YAG-Lasers wurde aus einer 1 mm - Stufenindexfaser ausgekoppelt und ohne weitere optische Elemente auf das Bauteil gestrahlt (Abschnitt 4.2.1.1 auf Seite 42). Bei einer Strahldivergenz von 70 mrad wurden Strahldurchmesser von 6 bis 14 mm auf der Werkstückoberfläche eingestellt. In Bild B.1 sind die metallographisch ermittelten Härtespurbreiten und -tiefen dargestellt, die ohne zusätzliche optische Elemente im Freistrahl erzeugt wurden.

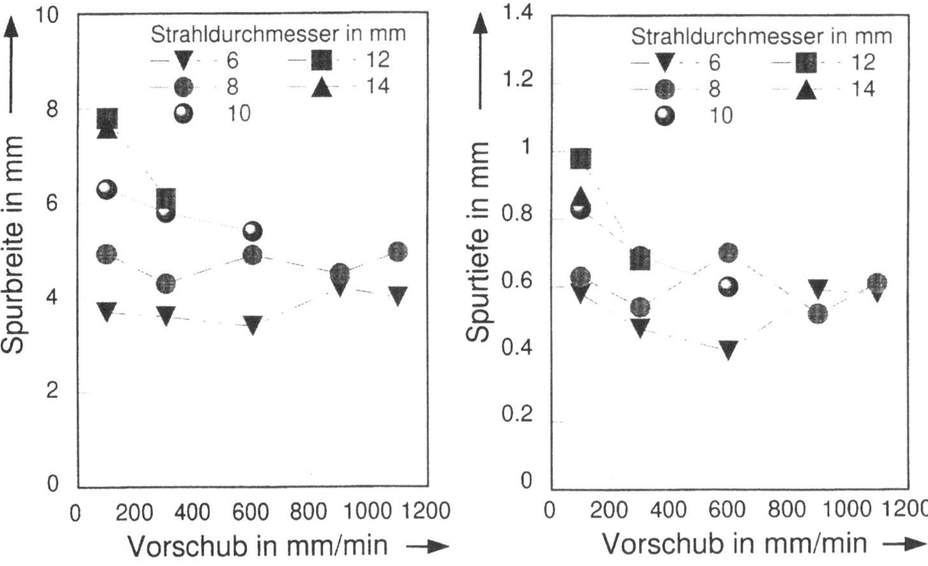

Bild B.1   Im Freistrahl, d.h. ohne Bearbeitungsoptik, erzeugte Spurbreiten und -tiefen bei unterschiedlichen Strahldurchmessern.

Kollimierter Strahl:

Ein divergent aus einer Stufenindexfaser austretendes Strahlenbündel wurde mit einer 70 mm-Linse kollimiert (Abschnitt 4.2.2 auf Seite 49). Mit dem parallelen Strahlenbündel wurden Härteexperimente mit Strahleinfallswinkeln zwischen 5 ° und 45 ° durchgeführt. Dabei war der Strahl jeweils stechend, schleppend und quer zur Vorschubrichtung geneigt. Die Härteergebnisse sind in Bild B.2 und Bild B.3 dargestellt.

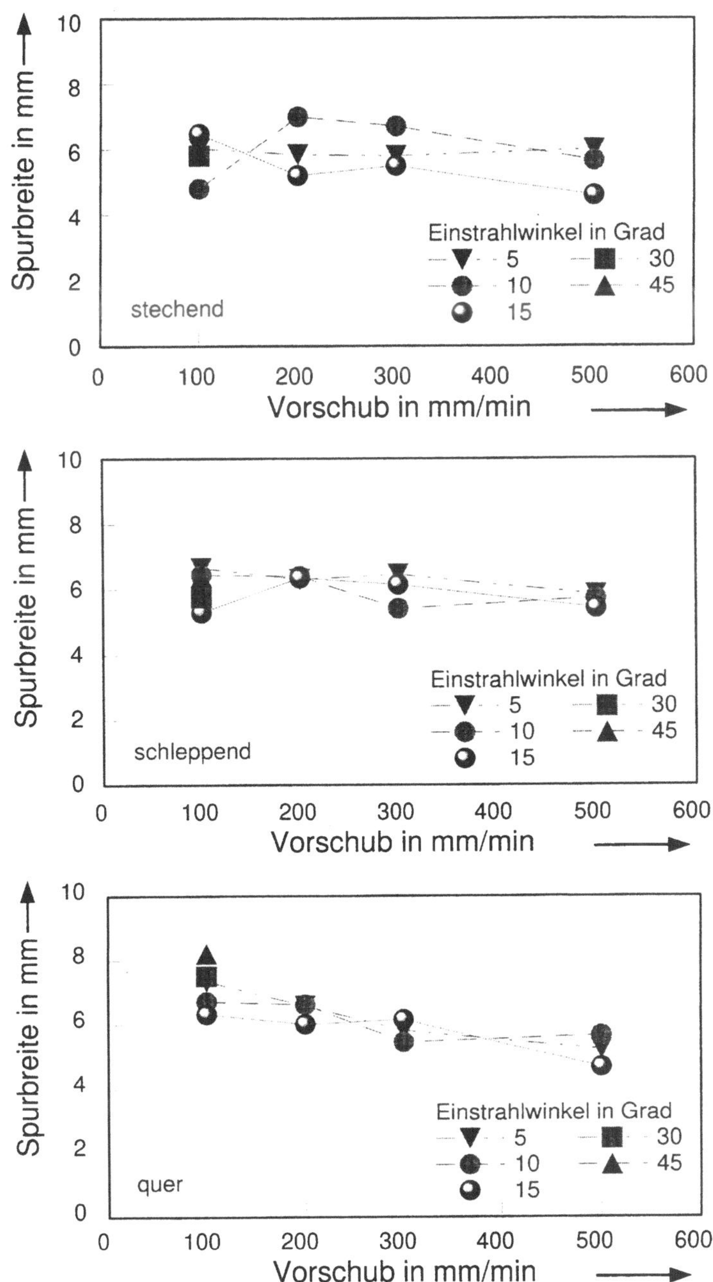

Bild B.2   Mit kollimiertem Strahl (f = 70 mm) erzeugte Spurbreiten bei unterschiedlichen Einstrahlwinkeln und -richtungen.

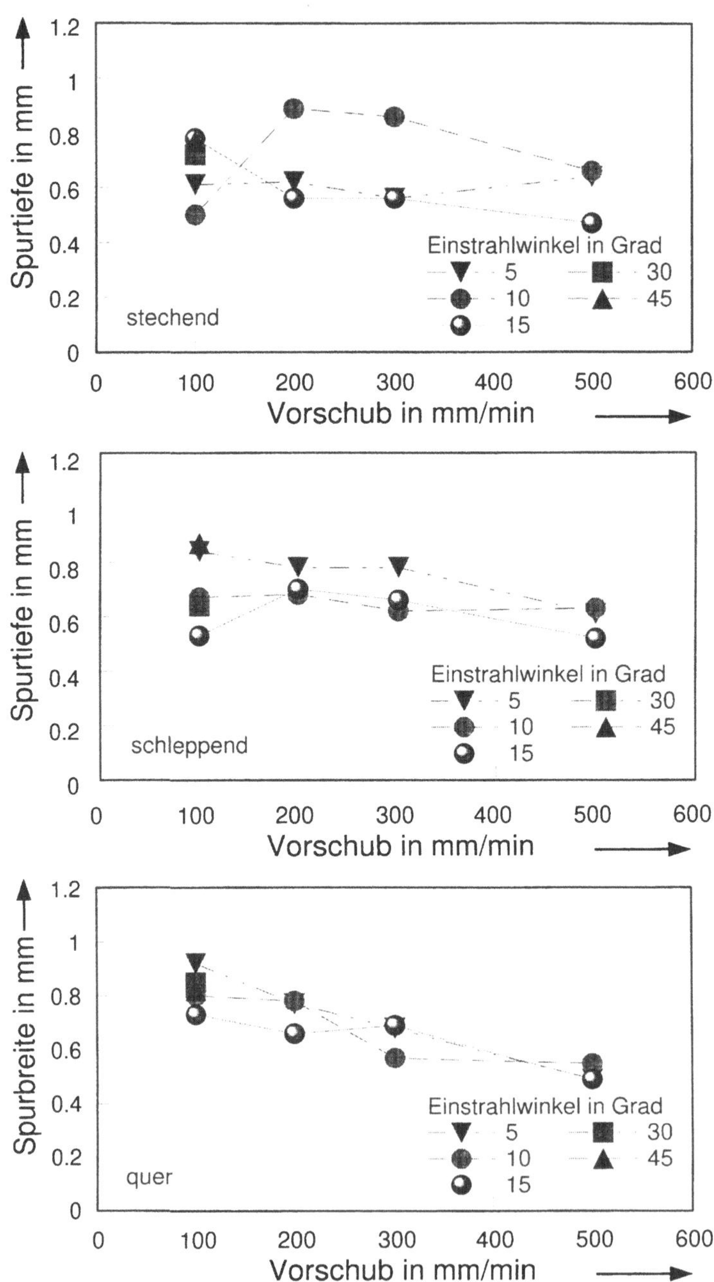

Bild B.3   Mit kollimiertem Strahl (f = 70 mm) erzeugte Spurtiefen bei unterschiedlichen Einstrahlwinkeln und -richtungen.

Bei den Härtungen mit Vorschubrichtung quer zum Einstrahlwinkel wurden keinerlei Spurasymmetrien festgestellt, wie sie in älteren Arbeiten bei Experimenten unter schrägem Strahleinfall gefunden wurden /112/. Dies liegt daran, daß sich durch die parallele Propagation bei schräger Einstrahlung keine Deformation des Strahlprofils ergibt. Mit parallelem Laserstrahl sind also unabhängig vom Einstrahlwinkel symmetrische Härtespuren erzielbar.

Faserstab:

Durch Verschmelzen vieler einzelner Fasern zu einem geordneten Bündel wurde ein fester Faserstab realisiert (Abschnitt 4.2.1.2 auf Seite 43). Der eingesetzte Faserstab war am Ende um einen Winkel von 60° aus der ursprünglichen optischen Achse heraus gebogen. Bild B.4 zeigt

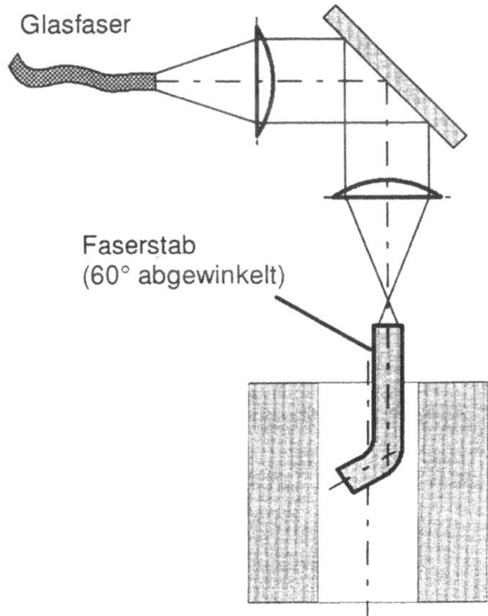

Bild B.4   Versuchsanordnung für die Härtung mit dem gebogenen Faserstab.

die Versuchsanordnung, wie sie für die Härteexperimente mit dem gebogenen Faserstab gewählt wurde. Charakteristisch ist der Strahleinfallswinkel von 30° wie er sich aus der Biegung des Stabes bei vertikal gestelltem Werkstück ergibt.

Es wurden Versuche mit den Abständen 5, 10 und 15 mm zwischen Stabende und Werkstück durchgeführt. Auf diese Weise wurden Strahldurchmesser von 4,7; 5,0 und 5,4 mm realisiert. Die Versuchsergebnisse sind in Bild B.5 zusammengefaßt. Auffällig sind die im Vergleich schlechten Ergebnisse für den Durchmesser 5.4 mm. Ursache hierfür ist eine Veränderung der Intensitätsverteilung mit zunehmendem Abstand von der Stabendfläche. Sie äußert sich dadurch, daß sich die ausgekoppelte Verteilung zu einem Strahlprofil transformiert, das eine markante zentrale Spitze hat, aber relativ breite, flache Flanken. Diese Profilcharakteristik führt dazu, daß in der Spurmitte schon Schmelztemperatur herrscht, während am Rand der Spur die Umwandlungsbedingungen nicht erreicht werden.

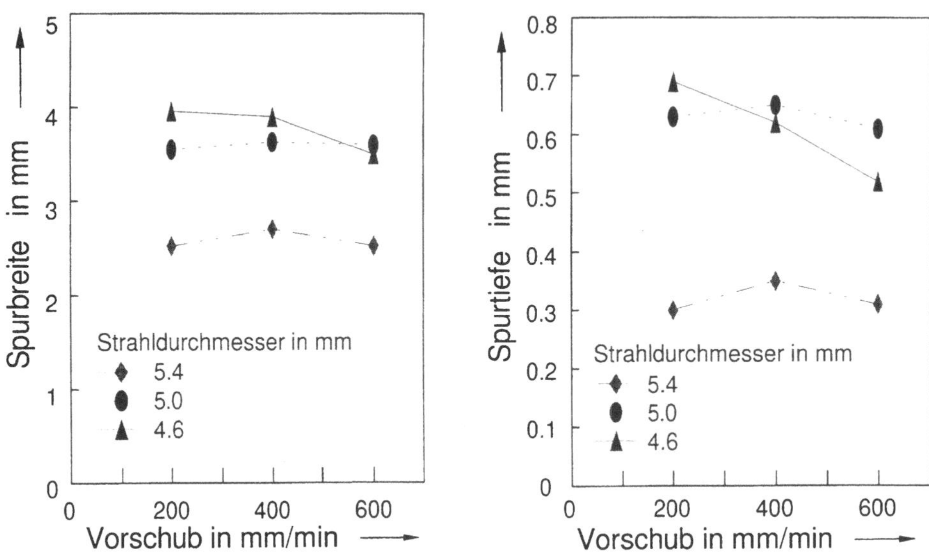

Bild B.5   Mit dem Faserstab erzeugte Spurbreiten und -tiefen bei unterschiedlichen
                Strahldurchmessern.

Kaleidoskop:

Für die Härteexperimente wurde ein transmissives Kaleidoskop der Länge 40 mm eingesetzt.
Es hatte einen Querschnitt von 3 x 3 mm² (Abschnitt 4.2.1.3 auf Seite 44). In Bild B.6 sind die

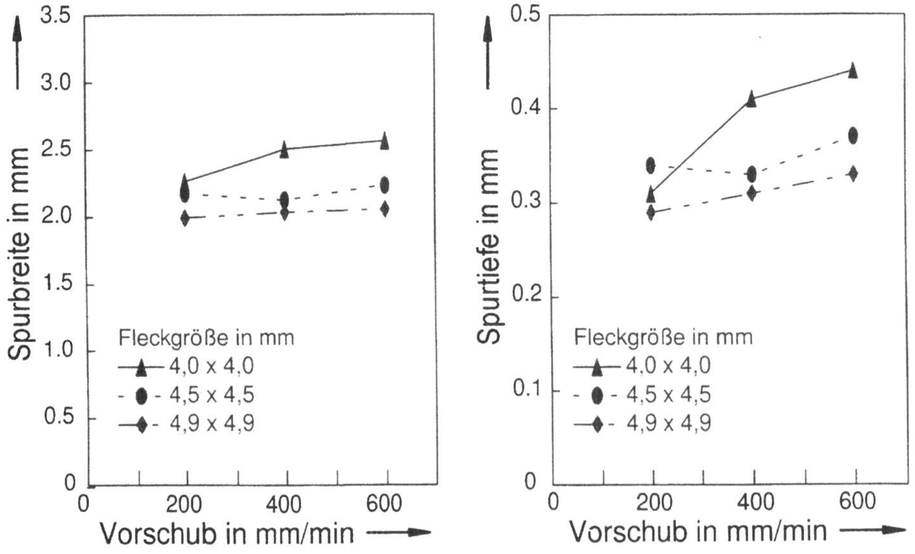

Bild B.6   Mit dem Kaleidoskop erzeugte Spurbreiten und -tiefen bei unterschiedlichen
                Strahlabmessungen.

Härteergebnisse dargestellt, wie sie mit dem Kaleidoskop an ebenen Werkstückgeometrien erzielt wurden. Wie bei den Experimenten mit dem Faserstab wurden auch hier drei verschiedene Arbeitsabstände gewählt. Analog läßt sich dabei auch feststellen, daß mit zunehmendem Abstand vom Kaleidoskopaustritt die Homogenisierungswirkung nachläßt bzw. die Steilheit der Profilflanken abnaimmt. Dies führte wiederum dazu, daß Spurbreite und -tiefe mit vergrößertem Arbeitsabstand abnahmen.

Abbildungsoptik:

Mit einer teleskopischen Abbildungsoptik wurde die zylinderförmige Intensitätsverteilung, wie sie am Austrittt der Laserstrahlung aus einer Stufenindexfaser vorliegt, vergrößert auf das Werkstück abgebildet (Abschnitt 4.2.2 auf Seite 49). Die gemessenen Breiten der erzeugten Härtespuren sind in Bild B.7 dargestellt. Sie weisen durchweg hohe, dem jeweiligen Strahldurchmesser nahe kommende Werte auf, was auf eine sehr gleichmäßige Intensität im Strahlfleck schließen läßt. Die Spurtiefen, die bei den Härteexperimenten erreicht wurden, bewegen sich zwischen 0,4 mm und 1,2 mm (Bild B.7). Wie bei den Spurbreiten, nehmen auch hier die Werte mit größer werdendem Strahldurchmesser zu.

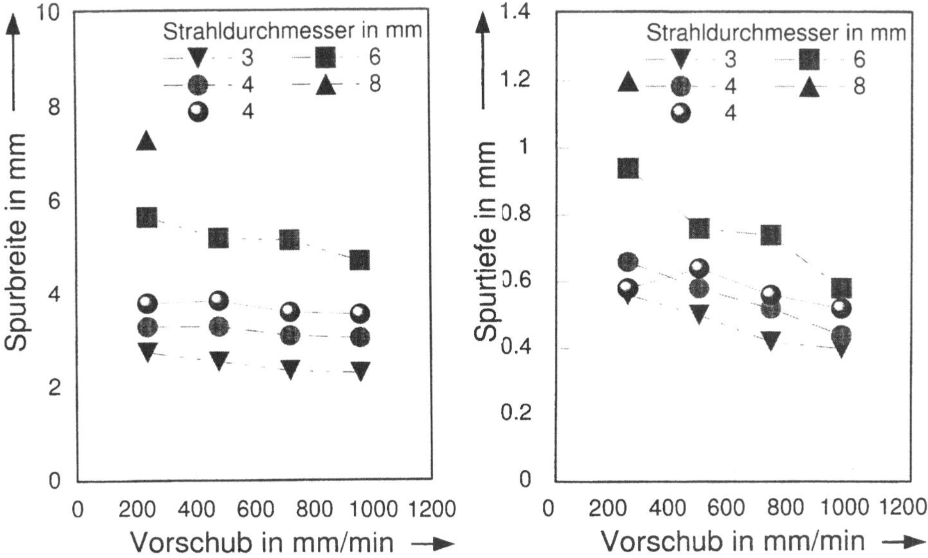

Bild B.7   Mit der teleskopischen Abbildungsoptik erzeugte Spurbreiten und -tiefen bei unterschiedlichen Strahldurchmessern.

C: Numerische Ansätze zur Berechnung der Diffusion

C.1: Numerische Erfassung der linearen Diffusion

Zur Berechnung der Diffusionsgleichung wird das Verfahren nach Crank-Nicolson verwendet. Dazu wird ein Rechennetz benötigt, bei dem die Abszisse der Kohlenstoffkonzentration und die Ordinate der Zeitachse entspricht (Bild C.1).

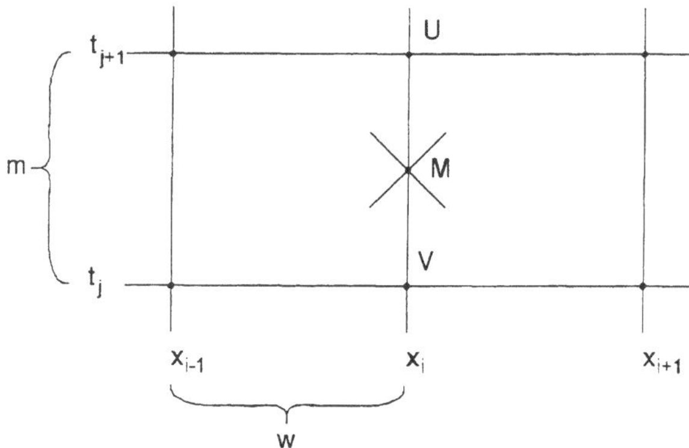

Bild C.1   Verwendetes Netz zur Approximation von u_{xx}, der zweiten Ableitung der lokalen Kohlenstoffkonzentration u nach dem Weg x.

Die Approximation der doppelten Ableitung der Kohlenstoffkonzentration nach dem Weg u_{xx} erfolgt bezüglich des Mittelpunkts M. Dazu wird das arithmetische Mittel der beiden zweiten Differenzenquotienten, die zu den Gitterpunkten $V(x_i, t_j)$ und $U(x_i, t_{j+1})$ gehören, gebildet. Am rechten, sowie am linken Rand liegt eine Cauchy-Bedingung vor. Diese beiden Randbedingungen werden ebenfalls mit Hilfe des zentralen Differenzenquotienten unter der Annahme approximiert, daß die Funktion $u(x,t)$ auch außerhalb des Intervalls definiert ist, d.h. der Teilchenstrom über die Grenze Null ist. Damit erhält man für jeden Zeitschritt ein lineares Gleichungssystem, dessen Koeffizientenmatrix tridiagonal ist, die mit einer einfachen Routine /128/ berechnet wird.

Grundlage der linearen Diffusionsrechnung ist die Gleichung 6.5. Der Differentialausdruck auf der rechten Seite wird, wie bereits oben beschrieben, im Gitterpunkt $P(x_i, t_j)$ durch zweimalige Anwendung der ersten zentralen Differenzenquotienten approximiert, wobei die Funktionswerte $D_{i+\frac{1}{2}}$ und $D_{i-\frac{1}{2}}$ auftreten, mit

$$D_{i+\frac{1}{2}} = D\left(x_i + \frac{w}{2}\right) \quad \text{und} \quad D_{i-\frac{1}{2}} = D\left(x_i - \frac{w}{2}\right) \quad . \tag{C.1}$$

Damit ergeben sich Gleichung C.2 und Gleichung C.3:

$$\frac{\partial u}{\partial t} = \frac{1}{m} \cdot [u_{i,j+1} - u_{i,j}] \tag{C.2}$$

$$\frac{\partial}{\partial x}\left(D(x) \cdot \frac{\partial u}{\partial u}\right) V \approx \frac{1}{w^2} \cdot \left[D_{i+\frac{1}{2}} \cdot (u_{i,1-j} - u_{i,j}) + D_{i-\frac{1}{2}} \cdot (u_{i,j} - u_{i-1,j}) \right] \quad . \tag{C.3}$$

Die Differenzenapproximation nach Crank-Nicolson liefert für Gleichung C.4

$$\frac{1}{m} \cdot [u_{i,j+1} - u_{i,j}] \tag{C.4}$$

$$= \frac{1}{2w^2} \cdot \left[D_{i+\frac{1}{2}} \cdot (u_{i+1,j+1} - u_{i,j+1}) - D_{i-\frac{1}{2}} \cdot (u_{i,j+1} - u_{i-1,j+1}) \right.$$

$$\left. + D_{i+\frac{1}{2}} \cdot (u_{i+1,j} - u_{i,j}) - D_{i-\frac{1}{2}} \cdot (u_{i,j} - u_{i-1,j}) \right] \quad .$$

Nach Multiplikation mit *2m* und Zusammenfassung erhält man mit $q = \dfrac{m}{w^2}$

$$-qD_{i-\frac{1}{2}} \cdot u_{i-1,j+1} + \left[2 + q\left(D_{i+\frac{1}{2}} + D_{i-\frac{1}{2}} \right) \right] \cdot u_{i,j+1} - \left(qD_{i-\frac{1}{2}} \cdot u_{i+1,j+1} \right) \tag{C.5}$$

$$= qD_{i-\frac{1}{2}} \cdot u_{i-1,j} + \left[2 + q\left(D_{i+\frac{1}{2}} + D_{i-\frac{1}{2}} \right) \right] \cdot u_{i,j} - \left(qD_{i+\frac{1}{2}} \cdot u_{i+1,j} \right) \quad ,$$

wobei n = 1, 2, ..., n - 1 und j = 0, 1, 2 ... .

Am rechten und am linken Rand liegt jeweils eine Cauchy-Bedingung vor. Diese wird ebenfalls mit Hilfe des zentralen Differenzenquotienten unter der Annahme, daß die Funktion u(x,t) auch außerhalb des Intervalls definiert ist, approximiert. Ausführlicher beschrieben ist die Herleitung der Gleichungen und der daraus resultierenden Matrizen in /127/.

C.2:   Numerische Erfassung der kugelsymmetrischen Diffusion

Um die Diffusionsgleichung in Kugelkoordinaten darzustellen, muß eine Koordinatentransformation durchgeführt werden. Die Diffusionsgleichung ändert sich dann folgendermaßen:

$$\frac{\partial u}{\partial t} = \frac{\partial^2 u}{\partial x^2} + \frac{\partial^2 u}{\partial y^2} + \frac{\partial^2 u}{\partial z^2} = div\,(grad\,u) = \Delta u \tag{C.6}$$

$$\Delta u = \frac{\partial^2 u}{\partial r^2} + \frac{2}{r} \cdot \frac{\partial u}{\partial r} + \frac{1}{r^2} \cdot \frac{\partial^2 u}{\partial \theta^2} + \frac{\cot\theta}{r^2} \cdot \frac{\partial u}{\partial \theta} + \frac{1}{r^2 \cdot \sin\theta^2} \cdot \frac{\partial^2 u}{\partial \varphi^2} \; . \tag{C.7}$$

Die beiden hinteren Terme in Gleichung C.7 fallen weg, da die Konzentration unabhängig von den beiden Raumwinkeln θ und φ ist. Übrig bleibt

$$\frac{\partial u}{\partial t} = \frac{\partial^2 u}{\partial r^2} + \frac{2}{r} \cdot \frac{\partial u}{\partial r} = \frac{1}{r^2} \cdot \frac{\partial}{\partial r}\left(r^2 \cdot \frac{\partial u}{\partial t}\right) \; . \tag{C.8}$$

Mit dem Diffusionskoeffizienten lautet die Diffusionsgleichung in Kugelkoordinaten vollständig:

$$\left(\frac{\partial u}{\partial t} = \frac{1}{r^2} \cdot \frac{\partial}{\partial r}\left(r^2 \cdot D\,(r) \cdot \frac{\partial u}{\partial t}\right)\right) \; . \tag{C.9}$$

Vergleicht man nun Gleichung C.9 mit Gleichung 6.7, so erkennt man, daß sie beinahe identisch sind. Faßt man nun noch $r^2 D(r)$ zu $D(r)^*$ zusammen verbleibt als einziger Unterschied nur noch der Faktor $1/r^2$. Dieser bewirkt jedoch lediglich eine Änderung von q in Gleichung C.5 bei der numerischen Erfassung gemäß der Methode nach Crank-Nicolson. Das bedeutet, daß der Rest der benötigten Gleichungen, wie in Abschnitt C.1 beschrieben, hergeleitet werden kann.

Danksagung

Die vorliegende Dissertation entstand während meiner Tätigkeit als wissenschaftlicher Mitarbeiter am Institut für Strahlwerkzeuge (IFSW) der Universität Stuttgart. Teile der Arbeit basieren auf Ergebnissen, die ich im Rahmen der vom Bundesministerium für Bildung, Wissenschaft, Forschung und Technologie (BMBF) geförderten Projekte 13N5599 und 13N6055 erarbeitet habe.

Ich danke Herrn Priv.-Doz. Dr. rer. nat. Friedrich Dausinger, dem Leiter der Abteilung Verfahrensentwicklung am Institut für Strahlwerkzeuge, für die Betreuung und Förderung meiner Arbeit.

Herrn Prof. Dr.-Ing. Karl Kußmaul, Direktor der staatlichen Materialprüfungsanstalt (MPA) Stuttgart, danke ich für die Übernahme des Mitberichts und für die interessierte Korrektur dieser Arbeit.

Ebenso gebührt mein Dank Herrn Prof. Dr.-Ing. Helmut Hügel, dem Direktor des Instituts für Strahlwerkzeuge, für die wohlwollende Begleitung meiner Arbeit, welche ohne ihn nicht zustande gekommen wäre.

Ganz besonderer Dank gilt all meinen Kollegen, stellvertretend seien hier Mathias Wiedmaier und Markus Beck genannt, die durch ihre Bereitschaft zur Diskussion und interdisziplinären Zusammenarbeit ganz entscheidend zum Gelingen dieser Arbeit beigetragen haben.

Von größter Bedeutung war für mich immer auch die uneingeschränkte Unterstützung, die ich auf technischer Seite, insbesondere von Werner Hennig, Manfred Frank und Albrecht Esser erfahren durfte.

Nicht vergessen möchte ich die vielen Studenten, die im Laufe der Jahre durch ihren engagierten Einsatz einen maßgeblichen Anteil an der Erarbeitung der vorliegenden Ergebnisse hatten.

Ohne die vertrauensvolle Unterstützung durch meine Eltern hätte diese Arbeit niemals entstehen können. Deshalb an dieser Stelle auch ein ganz besonderer Dank an sie.

Berlin, im Mai 1997